奋进三十载 扬帆再起航

——中国建设监理协会

1993—2023

中国建设监理协会 组织编写

中国建筑工业出版社

图书在版编目（CIP）数据

奋进三十载　扬帆再起航：中国建设监理协会：
1993—2023 / 中国建设监理协会组织编写 . —北京：中
国建筑工业出版社，2023.9
ISBN 978-7-112-29019-2

Ⅰ.①奋… Ⅱ.①中… Ⅲ.①工程—施工监督—协会
—概况—中国—1993—2023 Ⅳ.① TU712.2-26

中国国家版本馆 CIP 数据核字（2023）第 147994 号

责任编辑：边　琨　张　磊
责任校对：芦欣甜
校对整理：张惠雯

奋进三十载　扬帆再起航
——中国建设监理协会 1993—2023
中国建设监理协会　组织编写

*

中国建筑工业出版社出版、发行（北京海淀三里河路 9 号）
各地新华书店、建筑书店经销
北京蓝色目标企划有限公司制版
北京富诚彩色印刷有限公司印刷

*

开本：880 毫米 ×1230 毫米　1/16　印张：12¼　插页：1　字数：252 千字
2023 年 12 月第一版　　2023 年 12 月第一次印刷
定价：**198.00** 元
ISBN 978-7-112-29019-2
（41707）

编　委　会

前言

1993 年 7 月 27 日，中国建设监理协会在京召开成立大会。时光荏苒，如白驹过隙，协会已步入而立之年。

回首协会 30 年历程，创业的艰辛，执着的追求，成功的喜悦，历历在目。值此成立 30 年之际，中国建设监理协会组织编写了《奋进三十载　扬帆再起航——中国建设监理协会 1993—2023》，以历届理事会工作为主线，全面回顾总结协会 30 年的发展历程，充分展示协会成立以来所取得的丰硕成果，为协会三十周年献礼。

本书的编写工作得到了协会领导的高度重视，并得到了地方及行业监理协会、会员单位以及行业专家的大力支持。在此对所有参与、支持和帮助本书编排的同志们，表示深深的感谢！

尽管我们做了大量的准备工作，但由于时间和水平所限，本书难免有疏漏和不确切之处，敬请批评、指正。

谨以此书献给多年来支持中国建设监理协会工作、关心监理事业发展的朋友们！

中国建设监理协会

2023 年 11 月

目录

1993

1996

2000

2007

2013

2018

2023

会 长 致 辞

1993—2023

1993—2023

栉风沐雨三十载
砥砺前行铸辉煌

光阴似箭，日月如梭。1993年，乘着改革开放的春风，中国建设监理协会应运而生，从此广大监理人有了自己的国家级行业组织。2023年，在全党全国各族人民迈上新征程、向第二个百年奋斗目标进军的关键时刻，在建设监理制度诞生35周年之际，协会也迎来了岁月洗礼后的三十而立。

三十载栉风沐雨，三十载砥砺前行，在国家有关部委、各届理事会的领导、各分会及各会员单位的共同努力下，作为推动、繁荣、规范建设监理事业发展的行业组织，协会始终坚持以双向服务为宗旨，充分发挥联系政府和企业的桥梁纽带作用，持续深化改革、开拓创新、完善服务体系，积极为行业主管部门、会员单位提供服务，为中国建设监理行业的稳定发展作出了应有的贡献。

三十年来，我国工程监理行业伴随着改革开放的不断深化和社会经济的快速发展，从无到有，行业规模持续扩大，发展成效显著。截至2022年底，全国共有工程监理单位16270家，其中具有综合资质监理企业293家，甲级资质监理企业5149家；行业从业人员193万人，其中注册监理工程师近29万人，形成了一支精通工程技术、善于沟通协调管理的专业人才队伍，在服务我国经济社会高质量发展方面发挥着越来越重要的作用。

三十年来，协会不忘初心、牢记使命，始终坚持以推进我国工程监理事业发展为己任，以弘扬监理行业不断进取、勇于创新的精神为指导，不断探索行业改革创新机制，深入开展行业调查研究，积极向政府部门反映行业发展的意见和建议，并参与了工程监理的相关法律法规、宏观调控和产业政策的研究，监理行业取费、规范以及合同和行业发展规划、行业准入条件的制订工作。与此同时，协会还大力推动行业诚信体系建设，建立行业自律管理约束机制，积极帮助企业开拓国际市场，切实履行好服务企业的宗旨。通过历届理事会和秘书处的不懈努力，协会从小到大逐步发展，行业凝聚力越来越强，影响力越来越大，会员单位的覆盖面也越来越广，现有单位会员 1600 余家，个人会员 15 万人。

三十载踔厉奋发，三十载无悔担当，三十载成就斐然。党的二十大擘画了以中国式现代化全面推进中华民族伟大复兴的宏伟蓝图，也为工程监理行业发展指明了方向。今天，协会站在新的起点，迈向新的征程，以奋进者的姿态勇毅前行，带领广大监理人努力当好工程卫士和建设管家，为促进建设事业高质量发展作出新的贡献，谱写更加辉煌的新篇章！

中国建设监理协会会长 王早生

1993

1996

2000

2007

2013

2018

2023

领 导 题 词

1993—2023

推进建设监理

搞好工程建设

侯捷

一九九三、七、十九、

时任建设部部长侯捷为协会成立题词

发展建设监理事业

提高工程建设水平

何光远 一九九三年 七月廿日

时任机械部部长何光远为协会成立题词

架起通向成熟建筑市场的桥梁

贺中国建设监理协会成立

癸酉盛夏 叶如棠题

时任建设部副部长叶如棠为协会成立题词

政府参谋
企业挚友

谭庆琏 一九九三年 七月廿日

时任建设部副部长谭庆琏为协会成立题词

推進建設監理
搞好工程建設

祝賀中國建設監理協會成立

李振東
一九九三·七·廿七

时任建设部副部长李振东为协会成立题词

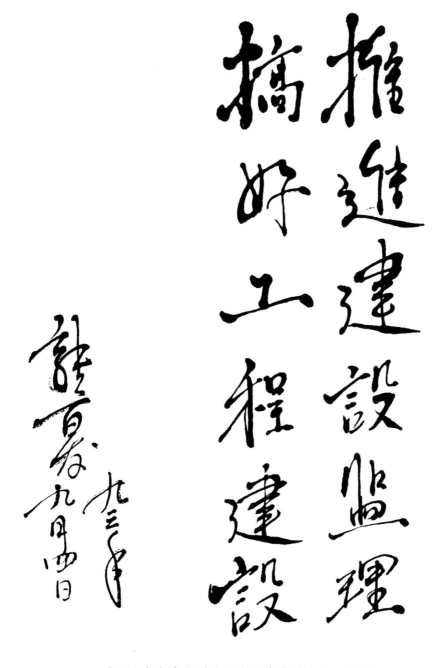

推进建设监理

搞好工程建设

时任北京市常务副市长张百发为协会成立题词

祝贺"中国建设监理协会"成立

为创建有中国特色的建设监理制而努力

干志坚

一九九三年七月十二日

原建设部副部长干志坚为协会成立题词

架起通向国际建筑市场的桥梁

贺中国建设监理协会成立

一九九三年首二七日 萧桐书

原建设部副部长萧桐为协会成立题词

发挥监督保证作用 提高工程建设水平

贺中国建设监理协会成立

周干峙

癸酉仲夏

原建设部副部长周干峙为协会成立题词

祝贺中国建设监理协会成立三十周年！

衷心祝愿协会全体同仁，百尺竿头更进一步，

为繁荣我国建设事业、为谱写中国式现代化

建设篇章贡献监理力量！

谭庆琏

二〇二三年九月

原建设部副部长、协会第一届理事会会长谭庆琏为协会成立 30 周年题词

颂

中国建设监理协会成立卅周年

建设监理
全球争光

姚兵题

二三六七月

中纪委驻住房和城乡建设部纪检组原组长、原建设部总工程师、协会第一届理事会常务副会长
姚兵为协会成立 30 周年题词

凝心聚力谋发展

踔厉有为奔未来

贺中国建设监理

协会成立三十周年

卢春房

2023.7.6

原铁道部副部长、中国工程院院士、协会第三届理事会副会长卢春房为协会成立30周年题词

期盼中国建设监理协会

为创建中国式建设监理的体制、法制和机制做出更大的贡献！

为高质量建设做出更大的贡献！

同济大学
工程管理研究所

于2023.
8.15 敬贺

同济大学教授、工程管理研究所创始人兼名誉所长丁士昭为协会成立30周年题词

工程卫士 建设家筏

王早生 题

住房和城乡建设部稽查办公室原主任、城市管理监督局原局长、协会第六届理事会会长王早生
为协会成立 30 周年题词

1993

1996

2000

2007

2013

2018

2023

贺　信

1993—2023

中华人民共和国住房和城乡建设部

贺　信

中国建设监理协会：

　　值此中国建设监理协会成立三十周年之际，谨向你们表示热烈祝贺！并向全国建设监理从业人员致以诚挚问候！

　　三十年来，中国建设监理协会团结带领广大工程监理企业及从业人员，立足工程建设主战场，改革创新、砥砺前行，在推进业务交流、培育监理人才、加强行业自律、开展国际合作等方面开展了富有成效的工作，为保障工程质量安全、推动建筑业从大到强作出了积极贡献！

　　2023 年是贯彻党的二十大的开局之年。希望中国建设监理协会以成立三十周年为新的起点，全面学习贯彻党的二十大精神，坚持以习近平新时代中国特色社会主义思想为指导，坚守为全社会提供高品质建筑产品的初心，恪守"公平、独立、诚信、科学"准则，深化改革，开拓进取，不断提高建设监理水平，促进建筑业高质量发展，为打造好房子、好社区、好城区、好城市提供有力保障，为实现中国式现代化作出新的更大贡献！

住房城乡建设部

2023 年 9 月 28 日

住房和城乡建设部贺信

中 国 建 筑 业 协 会

贺　信

中国建设监理协会：

　　值此贵会成立三十周年之际，我会谨向贵会表示热烈祝贺，向贵会全体工作人员致以诚挚问候！

　　三十年来，贵会全面贯彻落实国家关于建设工程监理的方针政策，充分发挥政府和企业之间的桥梁纽带作用，积极为政府部门决策提供咨询服务，加强工程监理行业自律，服务监理企业发展，保障工程质量，提高投资效益，推进行业科技创新，赢得了广大会员企业的支持和信赖，为我国建设工程监理事业发展发挥了积极的推动作用。

　　衷心希望贵我两会今后进一步加强沟通合作，共同为我国建设事业持续健康发展做出新的更大的贡献！

中国建筑业协会
2023 年 5 月 19 日

中国建筑业协会贺信

中国土木工程学会

贺 信

中国建设监理协会：

  岁月悠悠，光阴荏苒。值此中国建设监理协会成立30周年之际，中国土木工程学会向贵会表示热烈的祝贺！

  三十年不忘初心，砥砺前行。贵会认真贯彻落实国家方针政策，积极发挥桥梁纽带和参谋助手作用，在为行业提供服务、诚信自律建设、标准化建设、信息化建设等方面取得了显著成绩；在引领行业提升工程监理品质，促进行业改革创新，树立行业良好形象等方面做出了积极贡献。

  云程发轫，踵事增华。衷心祝愿贵会以而立之年为新起点，在习近平新时代中国特色社会主义思想的指引下，踔厉奋发，毅勇前行，为推动我国建设事业的高质量发展，为开辟监理事业的新局面，为实现中国式现代化作出新的更大的贡献！

中国土木工程学会
2023年6月8日

中国土木工程学会贺信

中国勘察设计协会

贺　信

中国建设监理协会：

贵会成立 30 年来，在中央和国家机关工委、民政部领导下，在住房和城乡建设部指导下，在广大会员单位大力支持下，不忘初心，牢记使命，坚持正确的政治方向，积极服务政府、行业和会员，充分发挥企业与政府之间的桥梁和纽带作用，自觉加强诚信自律建设，引导会员单位恪守"公平、独立、诚信、科学"的职业准则，保障工程质量安全，提高投资效益，推进工程监理与项目管理行业创新发展，为国民经济建设做出积极贡献。值此贵会成立三十周年之际，中国勘察设计协会向贵会致以热烈的祝贺！

30 年来，我们两会团结协作，携手共进，为我国工程建设事业持续健康发展做出应有的贡献。中国勘察设计协会对贵会给予的配合和支持表示感谢！

站在新起点，启航新征程，奋进新时代。祝愿贵会在新的征程上，以习近平新时代中国特色社会主义思想为指导，深入学习贯彻党的二十大精神，坚守"提供服务、反映诉求、规范行为、促进和谐"发展理念，脚踏实地，踔厉奋发，奋力推进建设监理行业的高质量发展，为推进住建事业高质量发展做出新的更大贡献！

中国勘察设计协会
2023 年 5 月 16 日

中国勘察设计协会贺信

中 国 建 筑 学 会

贺 信

中国建设监理协会：

　　欣悉贵会成立三十周年，中国建筑学会谨向贵会表示热烈祝贺。

　　三十年栉风沐雨，春华秋实，贵会沐浴改革开放的春风，在中央和国家机关工委、民政部的领导下，在住房城乡建设部的指导下，紧密团结广大建筑科技工作者和会员单位，认真贯彻党和国家各项方针政策，恪守"公平、独立、诚信、科学"的职业准则，不断开拓进取，改革创新，保障工程质量，提高投资效益，推进工程监理与项目管理行业创新发展，为国民经济建设做出了重要贡献。

　　长期以来，中国建筑学会与贵会团结协作，携手共进。希望未来，双方继续加强交流合作，守正创新，砥砺前行，为住房城乡建设事业高质量发展做出新的努力和更大贡献。

中国建筑学会

2023 年 5 月 25 日

中国建筑学会贺信

中国风景园林学会

CHINESE SOCIETY OF LANDSCAPE ARCHITECTURE

贺　信

中国建设监理协会：

　　值此贵会成立三十周年之际，中国风景园林学会表示热烈祝贺，并向贵会全体人员致以诚挚的问候！

　　三十年来，贵会全面贯彻落实国家关于建设工程监理的方针政策，充分发挥政府和企业之间的桥梁纽带作用，积极为政府部门决策提供咨询服务，加强工程监理行业自律，服务监理企业发展，保障工程质量，提高投资效益，推进行业科技创新，赢得了广大会员企业的支持和信赖，为我国建设工程监理事业发展发挥了积极的推动作用。

　　长期以来，中国风景园林学会与中国建设监理协会联系密切、相互支持，衷心希望今后贵会与我会进一步加强沟通合作，共同为我国建设事业高质量发展做出新的更大的贡献！

二〇二三年六月六日

中国风景园林学会贺信

中国施工企业管理协会

贺　信

中国建设监理协会：

　　欣悉贵会成立三十周年，特致以热烈的祝贺，并对贵会长期以来给予我协会工作的支持表示衷心的感谢！

　　中国建设监理协会自成立以来，始终恪守"公平、独立、诚信、科学"的职业准则，在引导企业保障工程质量，提高投资效益上做出了卓有成效的工作，有力推进了工程监理与项目管理的创新发展，为促进我国经济社会发展作出了积极贡献，赢得了会员企业的拥护与好评，在行业内和社会上树立了良好形象。

　　且歌且行三十载 风华正茂立潮头。今年是全面贯彻党的二十大精神的开局之年。衷心祝愿贵会以此为契机，凝心聚力、踔厉奋发，不断取得新的进步和发展，为经济建设和社会发展再立新功！

　　祝愿我们两会增进交流、深入合作，共同为推动中国式现代化建设作出新的更大贡献！

中国施工企业管理协会

2023 年 5 月 18 日

中国施工企业管理协会贺信

中国工程建设标准化协会

贺 信

中国建设监理协会：

　　欣闻你会成立 30 周年，谨此表示热烈祝贺，并向全体会员致以诚挚的问候！

　　30 年来，你会沐浴改革开放的春风，在我国波澜壮阔的建设事业中发挥了不可替代的作用，在控制工程质量、投资和进度方面取得了显著成就，为提高我国工程建设管理水平、保证建设项目的工程质量和安全生产、守护人民群众生命和国家财产安全、护航社会稳定和经济发展作出了重要贡献。

　　长期以来，中国工程建设标准化协会与中国建设监理协会联系密切，往来友好。衷心祝愿两家行业协会继续加强合作，共同开创工程建设领域高质量发展的新局面！

中国工程建设标准化协会

2023 年 5 月 18 日

中国工程建设标准化协会贺信

中国建筑节能协会

贺 信

中国建设监理协会：

值此贵会成立三十周年之际，谨向贵会表示热烈的祝贺！

贵会自成立以来，始终坚持党的领导，切实发挥自身桥梁作用，不断提升服务质量，加强诚信建设推进行业自律，拓展行业宣传与国际交流，积极履行社会责任，为我国建设监理事业的发展做出了重要贡献。

在新的历史时期，中国建筑节能协会勇担节能低碳使命，落实零碳系列以及碳减排标准体系，健全近零能耗建筑能效测评体系，打造建筑节能低碳的会议展览体系，加强节能降碳国际交流与合作，全面启动建筑节能减排职业培训，持续组织行业企业开展行业自律，推广建筑节能降碳新技术，努力做好五个服务，继续为政府献计献策，为会员搭建平台，推动城乡建设绿色低碳发展。希望以后能和贵会进一步加强交流合作，共同推动城乡建设高质量发展。

祝贵会在新的征程中，继续发挥桥梁和纽带作用，在推动我国建设监理事业高质量发展事业中取得更加辉煌的成就。

中国建筑节能协会

2023 年 5 月 19 日

中国建筑节能协会贺信

中国建设工程造价管理协会

贺 信

　　值此中国建设监理协会成立 30 周年之际，中国建设工程造价管理协会谨向贵会致以热烈的祝贺！

　　30 年来，中国建设监理协会始终坚持科学引领，深入践行"四个服务"宗旨，不断提升监理服务的专业化水平，不断提升监理工作的规范性和实效性，打造了一支高素质、专业能力突出的监理队伍，为保障工程建设项目的安全、质量和进度作出了重要努力，为推动中国建设工程的规范化和高质量发展做出了卓越贡献。

　　当前，我国正处于全面建设社会主义现代化国家、以中国式现代化全面推进中华民族伟大复兴的关键时期，工程建设行业正在面临新的机遇和挑战。中国建设工程造价管理协会愿与贵协会进一步加强交流与合作，共同探索工程造价与建设监理业务的融合发展，共同研究解决行业中的共性关键问题，为工程建设的高质量发展作出更大贡献。

　　最后，衷心祝愿中国建设监理协会在未来的发展中取得更大的成就，为中国建设事业的发展和社会的进步作出更加重要的贡献！

中国建设工程造价管理协会

2023 年 5 月 22 日

中国建设工程造价管理协会贺信

中国铁道工程建设协会

贺　信

中国建设监理协会：

在贵会成立三十周年之际，中国铁道工程建设协会谨向贵会表示热烈祝贺！

三十年来，中国建设监理协会在实现协会"服务政府、服务会员、服务社会"的办会宗旨中取得了非凡的成就，为中国建设监理事业作出了突出的贡献。贵会对于我会监理委员会的工作给予了极大的支持和帮助，并取得了较好的成绩。在此，我们表示由衷的感谢！

衷心祝愿中国建设监理协会在习近平新时代中国特色社会主义新征程中，在新时期工程建设和监理事业发展中，发挥生力军作用，取得更加辉煌的成就。

中国铁道工程建设协会

2023 年 6 月 20 日

中国铁道工程建设协会贺信

中国交通建设监理协会

贺 信

中国建设监理协会：

　　值此贵会成立三十周年之际，中国交通建设监理协会谨致以热烈祝贺！

　　三十年来，特别是进入新时代以来的十年，贵会坚持以习近平新时代中国特色社会主义思想为指导，深入贯彻"创新、协调、绿色、开放、共享"发展理念，坚定不移地落实国家有关工程建设监理方针政策，以服务会员、服务行业、服务社会为宗旨，求真务实，奋发作为，模范履行"提供服务、反映诉求、规范行为、促进和谐"职责，积极推动建设监理事业高质量、可持续发展，为保障我国建设工程质量安全做出了重要贡献。

　　党的二十大擘画了全面建设社会主义现代化国家、以中国式现代化全面推进中华民族伟大复兴的宏伟蓝图。监理行业必须要有新作为，要作新贡献，中国交通建设监理协会将与贵会一道，以改革创新为动力，厚植发展优势，努力提高建设监理服务水平，培育发展全过程工程咨询，加快行业转型升级步伐，在实现中国式现代化的征程中不断谱写监理高质量发展的新篇章！

　　衷心祝愿中国建设监理协会初心永恒，再创辉煌！

中国交通建设监理协会

2023 年 8 月 15 日

中国交通建设监理协会贺信

中国水利工程协会

贺　信

中国建设监理协会：

　　岁序更替，华章日新。值此中国建设监理协会成立三十周年之际，中国水利工程协会特向贵会全体同志、向全国从事监理行业的同仁们致以热烈地祝贺和诚挚地问候！

　　三十年披荆斩棘，三十年艰苦奋斗。三十年来，中国监理人抓住发展机遇、争做改革尖兵、持续转型升级、不断激发创新活力，为保障工程质量安全作出了积极贡献，为提高工程投资效益建立了不朽功勋，可谓成果出众，业绩辉煌。

　　站在新的历史起点上，希望中国监理行业的全体同仁们闻鼙鼓而思进，听号角而前行，共同为推动我国监理行业的高质量发展作出新的更大贡献！

中国水利工程协会
2023 年 5 月 18 日

中国水利工程协会贺信

中国电力建设企业协会

贺　信

中国建设监理协会：

　　欣悉贵会成立三十周年，特致以热烈的祝贺，并对贵会长期以来给予我协会工作的支持表示衷心的感谢！

　　中国建设监理协会自成立以来，始终坚持以马克思列宁主义、毛泽东思想、邓小平理论、"三个代表"重要思想、科学发展观、习近平新时代中国特色社会主义思想为指导，为政府、行业和会员提供服务，沟通会员与政府、社会的联系，恪守"公平、独立、诚信、科学"的职业准则，在引领工程监理企业面对挑战，找准制约企业发展的瓶颈，以改革创新的思维、办法和手段破难题、促发展上做出了卓有成效的工作，在推进工程监理与项目管理行业创新发展，为国民经济建设做出了应有贡献，得到了广大会员企业的拥护和好评。

　　我们坚信，中国建设监理协会将以成立三十周年为新的起点，进一步推动监理行业的科技进步和高质量发展，同时真诚希望贵会与中国电力建设企业协会不断加强合作，共同为我国建设事业持续健康发展做出新的更大的贡献！

中国电力建设企业协会

2023 年 8 月 11 日

中国电力建设企业协会贺信

THE HONG KONG INSTITUTE OF SURVEYORS
香港測量師學會

中国建设监理协会三十周年志庆

本人谨代表香港测量师学会，祝贺中国建设监理协会成立三十周年。

在过去三十年来，中国建设监理协会一直积极推进建设监理行业的发展，为中国的经济建设和社会发展作出了重要贡献。香港测量师学会一直致力于推进测量和建设行业的发展。本会冀盼与贵会继续保持密切联系，为建筑业界的发展共同努力。我们期待着未来更多的合作和交流，共同促进测量和建设行业的健康发展。

最后，让我们再次祝贺中国建设监理协会成立30周年，祝愿贵会继往开来，再铸辉煌，为推动中国建设工程监理事业的健康发展作出更为卓越的贡献。

香港测量师学会会长
黄国良测量师

香港测量师学会贺信

澳門工程師學會
ASSOCIAÇÃO DOS ENGENHEIROS DE MACAU
THE MACAU INSTITUTE OF ENGINEERS

澳門工程師學會
胡祖杰 會長

尊敬的中國建設監理協會領導和全體成員：

值此中國建設監理協會成立三十週年之際，澳門工程師學會謹向您們致以熱烈的祝賀和誠摯的敬意！

三十年來，中國建設監理協會在建設監理行業的發展和繁榮中起到了舉足輕重的作用。在國家建設、城市發展、基礎設施建設等方面，您們一直堅持高標準、嚴要求，為保障工程品質、提升行業水平做出了巨大的貢獻。在中國建設監理行業的蓬勃發展之路上，您們留下了一串串精彩的足跡。

澳門工程師學會一直以來都非常重視與中國建設監理協會的交流與合作。在這個特殊的日子裡，我們衷心感謝您們多年來對澳門工程師學會的支持與鼓勵。相信在雙方的共同努力下，我們將繼續攜手合作，推動建設監理行業的不斷進步與發展。

讓我們再次祝願中國建設監理協會三十週年慶典完滿成功，並期待在新的起點上，我們能共同攜手，繼續為中國建設監理行業的繁榮昌盛而努力奮鬥！最後，祝願中國建設監理協會未來的發展更加輝煌，繁榮昌盛！

敬祝 中國建設監理協會成立三十週年快樂！

澳門工程師學會

胡祖杰 會長
2023 年 5 月 15 日

澳門工程師學會 Associação dos Engenheiros de Macau
The Macau Institute of Engineers

澳門工程師學會賀信

中国建筑出版传媒有限公司

贺　信

中国建设监理协会：

　　欣闻中国建设监理协会成立三十周年，值此喜庆时刻，谨致以热烈祝贺！

　　三十载风华正茂，三十载春华秋实！

　　作为我国工程监理行业的领军型协会，贵会一直以来秉承着为政府、行业和会员服务，保障工程质量，提高投资效益，推进工程监理与项目管理行业创新发展的宗旨，在业界树立了良好的口碑和信誉。

　　三十载筚路蓝缕，三十载成绩斐然！

　　贵会持续推动和深化建设工程项目管理体制改革、着力建立健全建设工程监理制度法律法规体系、积极推进监理行业标准规范体系建设、大力培育百万人的工程监理队伍、多措并举加强建设工程质量和安全生产管理、坚持不懈创新监理服务和发展模式，取得了令人瞩目的成果，成为广大从业者的重要依靠，为促进我国工程监理行业发展壮大作出了极大的贡献。

　　三十载风雨如晦，三十载砥砺奋进！

　　三十年来，贵会引领整个监理行业持续健康发展，成为监理人的主心骨和领路人。站在新起点，启航新征程。相信在贵会的引领下，我国工程监理行业各方力量将扛起责任、强化担当、共同拼搏、团结奋进，为推动工程监理行业高质量发展作出新的贡献！

中国建筑出版传媒有限公司

2023 年 7 月 14 日

中国建筑出版传媒有限公司贺信

中华人民共和国
住房城乡建设部　建築杂志社

贺　词

中国建设监理协会：

　　值此贵协成立三十周年之际，我社谨向贵协会及全体会员单位表示热烈祝贺！

　　三十年来，中国建设监理协会在住房和城乡建设部的领导下，积极开展建设监理行业理论和发展研究，为政府对建设监理行业发展提供决策参考，为行业和广大会员提供科学的发展规划引领；三十年来，中国建设监理协会严格恪守"公平、独立、诚信、科学"的职业准则，践行社会主义核心价值观，自觉加强诚信自律建设；三十年来，中国建设监理协会率领广大会员单位积极进取，勇于创新，力保工程质量，在国家众多重要项目工程的建设中发挥了不可替代的作用，充分彰显了中国建设监理人的智慧和汗水。

　　祝愿中国建设监理协会在今后的工作中继续开拓进取，为监理事业的发展作出新的成绩，为保证工程建设质量安全作出更大贡献。

　　我社作为住房和城乡建设行业权威主流媒体，将一如既往地支持关注中国建设监理协会和建设监理行业的发展，加大宣传力度，助力中国建设监理行业的高质量发展。

住房和城乡建设部建筑杂志社
2023 年 5 月 28 日

住房和城乡建设部建筑杂志社贺信

建设管理

贺 信

中国建设监理协会：

　　值此贵会成立三十年之际，《建设监理》杂志向贵会致以热烈的祝贺和真挚的敬意！

　　30 载栉风沐雨，30 载砥砺前行。30 年来，贵会勇于担当、恪尽职守，引领我国建设监理行业和企业从无到有、从弱到强，取得了长足的发展。30 年来，贵会坚持服务于政府、服务于企业、服务于行业、服务于社会，充分发挥参谋助手与桥梁纽带的作用，在保障工程质量、提高投资效益、推进工程监理与项目管理行业创新发展等方面作出了显著贡献。

　　立足新时代，奋进新征程。《建设监理》杂志将始终支持贵会发展，愿与贵会一道，在新时代继续开拓进取、创新服务，为谱写我国建设监理行业高质量发展新篇章作出新的更大的贡献！

《建设监理》杂志
2023 年 6 月 5 日

《建设监理》杂志贺信

1993

1996

2000

2007

2013

2018

2023

协 会 概 况

1993—2023

中国建设监理协会（英文名称：China Association of Engineering Consultants，缩写：CAEC）成立于 1993 年 7 月，是经民政部登记注册，由国内从事建设工程监理与项目管理业务相关单位和个人自愿结成的全国性、行业性、非营利性社会组织，在中央和国家机关工委、民政部、住房和城乡建设部的领导和指导下开展工作。

2021 年被民政部评为 4A 级全国性社会组织。截至 2023 年 10 月，协会拥有单位会员 1600 余家，个人会员 15 万人。

协会组建了专家委员会，现有委员 116 名，全部为行业内的领军人才，构成了监理行业的"智库"；设立了石油天然气分会、化工监理分会、机械分会和船舶监理分会等 4 个分支机构；协会秘书处内设办公室、财务部、联络部、行业发展部、监理改革办公室、培训部、国际部和信息部等 8 个部门。

近年来，协会紧密围绕党和国家工作大局，坚持以习近平新时代中国特色社会主义思想为指导，以国家、社会、人民对于监理行业的需求为导向，以政策研究、团体标准编制、行业自律、业务培训、国际交流、行业宣传为主要职能，积极承担社会责任，主动创新工作，不断加大工作力度，扩展服务范围，积极反映会员诉求，维护会员合法权益，规范会员行为，加强行业自律，充分发挥参谋助手和桥梁纽带作用，引领会员做好工程卫士和建设管家，推动行业高质量可持续发展。

协会组织编写了我国工程建设领域第一部管理型规范《建设工程监理规范》，参与了《建设工程监理招标投标管理办法》《注册监理工程师管理规定》《工程监理企业资质管理规定》《建设工程监理市场管理规定》等多部规章和规范性文件的起草修订工作。编制并发布了（含试行）《建设工程监理工作评价标准》《装配式建筑工程监理管理规程》《建筑工程项目监理机构人员配置导则》等 17 项团体标准；开展多种形式和主题的监理业务培训和经验交流活动，编写学习教材；对参建鲁班奖和詹天佑奖的监理企业和总监理工程师进行通报，提升工程监理行业的社会影响力；建立了"一刊（《中国建设监理与咨询》连续出版物）一网（中国建设监理协会网站）双号（中国建设监理协会微信公众号、中国建设监理与咨询微信公众号）"的立体化、全方位的综合宣传阵地。

协会将以推动监理行业发展为己任，坚持服务宗旨，团结带领广大会员，以更加昂扬的姿态和卓有成效的工作，为工程建设行业的高质量发展做出新的更大的贡献。

发 展 历 程

1993

1996

2000

2007

2013

2018

2023

1993—2023

磨砺以须，应时而生
（1993 年 3 月～ 1996 年 10 月）

  20 世纪 80 年代中后期，伴随着我国改革开放的不断深化，我国工程建设领域孕育出一项新的改革成果，诞生了一项新的管理制度——建设工程监理制度。1988 年 7 月 25 日，建设部《关于开展建设监理工作的通知》中提出建立具有中国特色的建设工程监理制度，标志着中国建设工程监理事业的正式开始。在历时 4 年的试点阶段，中国工程监理行业不断探索总结和积累经验，找到了一条适合自身发展的道路。尤其《工程建设监理单位资质管理试行办法》和《监理工程师资格考试和注册试行办法》的颁布实施，开创了我国工程建设领域执业资格制度的先河，为建设工程监理事业的稳步发展打下了坚实的基础。同时，4 年的监理制度试点也为中国建设监理协会的成立奠定了良好基础。

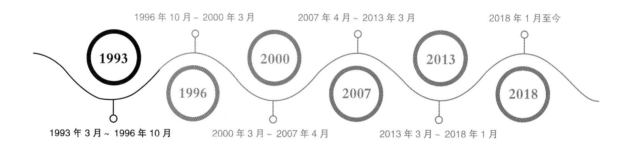

第一届理事会领导班子

（1993 年 7 月～1996 年 10 月）

会长	谭庆琏
常务副会长	姚 兵
副会长	蔡金墀　王家瑜　沈 恭　黄伟鸿　杨焕彩　毛亚杰　张之强　毕孔耜　刘忠宽　傅仁章　何伯森
秘书长	何俊新
常务副秘书长	雷艺君
副秘书长	刘廷彦

1989 年 10 月，建设部副部长干志坚在第三次全国建设监理试点工作会议上提出了关于筹建中国建设监理协会的问题。1990 年 12 月，在第四次全国建设监理工作会议期间，建设部建设监理司与有关地区和部门协商，组成了由 22 位同志参加的中国建设监理协会筹备组，傅仁章司长指定由田世宇同志任组长，何健安、何俊新同志任副组长，负责起草协会章程，协商推荐协会领导班子，申报相关手续。由于建设监理制度尚处于试点阶段，具有独立法人资格的监理单位数量少，无独立法人资格的单位不能加入协会成为会员，会员少，则协会无法正常开展工作，筹备工作停滞不前。直到 1992 年建设部颁发了《建设监理单位资质管理试行办法》，具有独立法人资格的监理单位逐渐增多，协会的筹备工作才步入正轨。

1993 年 3 月 18 日，经建设部批准，4 月 15 日经民政部核准注册登记，中国建设监理协会正式成立，成为一级行业性社会团体。1993 年 7 月 27 至 28 日，中国建设监理协会成立大会暨第一届理事会在北京召开。大会选举产生了领导机构，通过了协会章程，研究了相关工作，协会正式开始运行。中国建设监理协会的成立标志着我国建设监理行业初步形成，我国的建设监理单位有了自己的组织，行业管理走上自我约束、自我发展的轨道。

中国建设监理协会成立之初，正是建设工程监理制度稳步发展初期，建设部的领导同志和有关单位都非常关心协会的组织建设和业务建设，曾进行过多次研究，并专门印发了《关于发挥中国建设监理协会在监理行业管理中作用的意见》等重要文件，对协会的具体工作提出了明确的要求，强调要在协助政府决策、推进监理行业的发展与管理、实现监理工作的规范化和科学化、树立行业的职业道德、为会员单位开展业务培训、提供信息服务等方面发挥积极的作用。

在中国建设监理协会第一届理事会会长谭庆琏的领导下，协会秘书处积极开展工作，以服务建设监理事业，提高工程建设水平为宗旨，积极探索协会发展道路。经历三年发展，协会会员单位由成立之初的 266 家发展到 363 家，分会和团体会员发展到 13 家，形成了跨地区、跨部门的全国性一级社团组织，同时汇集了许多工程建设领域的专家和具有丰富经验的建设管理者，为建设监理事业的发展出谋划策。

一、主动当好政府的参谋助手

我国监理事业在结束了4年试点后进入了稳步发展阶段，这个时期监理队伍规模增长迅速，截至1995年底，全国注册监理单位有1500家，从业人员8万余人。积极推进监理工作规范化有利于巩固试点成果，开创监理事业稳步发展的新局面。

协会成立后，按照《章程》规定的任务，一方面参与建设监理法规文件和规范性资料的研究制定，另一方面积极宣传与推进建设监理的规范化。1993年，协会组织力量参与了《工程建设监理合同示范文本》的起草与论证，以规范监理单位与业主的权责利关系。该文本于1995年10月9日由建设部和国家工商管理局审定与联合颁布，受到了业主和监理单位的欢迎。

1995年9月，在谭庆琏副部长和建设监理司的支持下，协会在南京举行了全国工程建设规范化问题研讨会，就建设监理的各个层次和各个方面的规范化问题进行了不同程度的研讨，并精选汇印了《工程建设监理规范性资料选集》。为更好地开展监理工作的规范化建设，协会把制定建设监理有关法规的依据作为研讨班和培训班的讲述内容之一，以利于大家对法规的正确理解与执行。

在建设部开展"市场治乱"专项工作中，协会组织在京部分监理单位、高等院校和政府干部进行了座谈，制定了《调研提纲》，对规范与管理监理市场工作进行了调研，并形成调研报告上报给政府部门参考，得到领导重视和赞赏。

二、积极为会员提供服务

随着监理事业稳步发展，全国大中型水电工程、铁路工程、大部分国道和高等级公路工程等项目都实行了监理，监理的覆盖面不断增大，监理队伍也不断壮大。提升人才素质，提高社会认可度成为协会重要的工作任务。这一时期，协会主要围绕开展多种监理业务培训、推进企业现代化管理、扩大监理宣传等方面为会员提供服务。

第一届理事会期间，协会主要围绕提升监理业务水平、宣传建设管理体制改革和建设监理制度、推进建设监理事业发展等方面开展培训，共组织了五类研讨班、培训班十一次，共有1500人次的监理人员参加了集中学习，收到了较好效果。

在推进企业现代化管理方面，组织探讨现代企业管理标准的应用与计算机辅助监理的开发。建设监理是高智能的技术管理工作，面对现代经济社会的快速发展，协会开展了ISO9000系列应用试点、组织开发计算机辅助监理软件系统等适应时代发展的相关工作，以满足企业对提高生产经营管理水平现代化的需求。

在开展信息服务与宣传方面，为加强协会内外信息交流，扩大监理企业在社会上的影响力和知名度，协会创办了《中国建设监理简讯》，同时与上海市建委联合主办了《建设监理》杂志。第一届理事会期间，《中国建设监理简讯》共印发了 41 期、2 万余份，主要包含监理工作信息、典型经验、政府的指示和颁布的有关法规，对监理事业发展中若干重要问题发表评论等内容。此外，还编辑了《第六次全国建设监理工作会议资料汇编》等提供给政府管理部门和监理企业。

三、积极开展国内外交流活动

协会成立之初，各项工作都在摸索中前进。为提升协会凝聚力和影响力，协会积极探索开展丰富的国内外交流活动。一方面主动开拓对外交流渠道，扩大中国建设监理的影响；另一方面积极建立与地区协会、部门协会、各会员单位之间的交流互动，推进监理事业发展。

在对外交流方面，1993 年 11 月，邀请国际咨询工程师联合会执行委员黄汉滕先生来华访问讲学，并与该联合会建立了初步联系。1996 年 3 月，会同中国工程咨询协会和中国国际工程咨询协会，邀请该联合会主席路易斯先生和执行委员黄汉滕先生再次访华，就中国加入国际咨询工程师联合会（FIDIC）一事进行了会谈。1994 年 5 月，谭庆琏会长应邀作为"主礼嘉宾"出席了在香港召开的亚太地区承建商国际会议并致辞，拉开了中国建设监理协会在亚太地区建设界发挥影响的序幕。1994 年和 1995 年，协会分别两次组织中国建设监理代表团赴澳大利亚和美国进行考察访问，建立了业务合作的联系渠道。通过交流，掌握一些外国建设监理的特点，以便于与国际惯例接轨。同时也向国外介绍中国改革开放和经济建设的伟大成就，以及中国建设监理事业的发展，为建设监理企业"走出国门、跻身世界"奠定基础。

在国内交流方面，协会秘书处分别于 1995 年和 1996 年召开了两次全国建设监理协会秘书长工作座谈会，就如何充分发挥协会作用和协会工作任务等方面进行了交流，并将此项交流工作作为每年例行活动。

四、积极进行协会自身建设

一届理事会期间，协会坚持以建立自律自养的社团实体和坚持双向服务的工作要求来积极进行自身建设。一是慎重发展协会组织。以严谨的态度，按章程规定审议吸收会员，按程序规定调整理事人选。二是加强了协会办事机构。秘书处在充实领导干部和聘请顾问的同时，通过公开考试招聘的方式增加专职人员数量至 10 人，同时协会每半年派一名年轻工作人员到建设部监理司参与工程监理处的工作，促使其尽快熟悉建设监理工作业务。在部社团管理办公室的指导下，秘书处建立健全了人事劳资制度和工作考勤制度，加强思想政治工作，确保工作正常运行。三是设立了党支部，强化党建工作，加强了与建设部行政管理与组织部门的联系。

初心如磐，笃行不怠
（1996 年 10 月～ 2000 年 3 月）

　　经历了成立七年以来的工作实践，协会自身建设和影响力上了新台阶，逐步走向稳步发展。这一时期，协会找准发展定位，坚持民主办会，协商办事，树立以服务为中心的理念，积极联络政府和会员，围绕行业发展开展研究、咨询、教育、宣传等工作。这一时期，监理行业发展势头强劲，党和国家领导对监理工作的重视、关心和支持，极大地鼓舞和鞭策了广大工程建设监理工作者，使我国建设监理事业出现了欣欣向荣的大好局面。

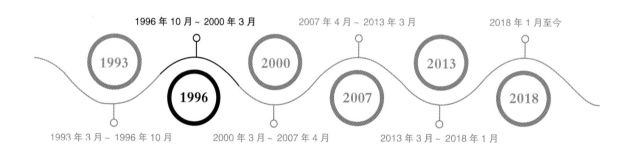

第二届理事会领导班子

（1996 年 10 月～ 2000 年 3 月）

会长	谭克文
副会长	何俊新　蔡金墀　滕绍华　陆海平　杨焕彩　张三戒　毛亚杰　张胜利　魏铠房　李悟洲 韩春仁　杜云生　何伯森
秘书长	陈玉贵
副秘书长	刘廷彦　雷艺君

第二届理事会期间，恰逢中国社会主义市场经济条件下的第一个中长期计划"九五"计划实施期间，也正逢我国建设监理转入全面推行阶段。工程建设监理"九五"规划明确了监理工作总指导思想，按照社会主义市场经济体制的要求，全面推行建设监理制，促进建设监理事业的发展，以国家重点工程、大中型工程项目和住宅小区建设为重点监理对象，逐步实现建设监理制度化、规范化、科学化，不断提高人员素质、监理手段和监理水平，确保高质量、高效益、优质安全地推动工程建设。

在中国建设监理协会第二届理事会会长谭克文的领导下，协会坚持双向服务，多办实事，在协助政府工作、开展监理业务培训、信息宣传、组织国际交流、提供技术咨询和加强自身建设等方面做了不少有益的工作。协会的会员队伍不断发展壮大，本届理事会期间共发展团体会员 9 个，单位会员 272 家，共有单位会员 615 家，团体会员 27 个。

一、树立服务理念，拓宽服务领域

第二届理事会期间，在对协会性质和工作定位的反复思考和探索中，初步认识到协会工作的本质是服务，一方面是行业管理中政府宏观管理以外的工作，另一方面是行业的宏观服务。第二届理事会期间，协会积极协助政府主管部门研究制定政策，促进行业规范化、科学化、制度化发展，同时以提高监理企业的管理水平和提高监理队伍素质为中心，积极开展信息交流、业务培训、咨询服务等会员服务工作，既得到了政府主管部门的关心和支持，也得到了企业的响应和赞誉，协会工作的活力不断增强，路子越走越宽。

（一）积极参与和协助政府主管部门做好力所能及的工作

协会本着抓宏观服务的理念，积极参与相关法规、规范和政策的研究制定，认真完成政府主管部门委托的工作，协助政府主管部门解决行业热点、难点、突出问题。

1997 年，协会与建设部监理司共同编印了《工程建设监理法规汇编》，收录 1992 年之后国家和地方制定发布的监理法规、规章和规范性文件。1999 年进行了增编。

1999 年，协会受建设部委托，组织力量编写了国家标准《建设工程监理规范》，经过十余次研究、修改形成征求意见稿报建设部建筑管理司。同年，协会还参与了工程监理取费的调研论证和《工程建设施工合同范本》的修订工作。

受建设部委托，协会承办了1999年度全国监理工程师执业资格考试有关工作；承担了建设部及有关部委直属监理单位1999年度的资质年检和重新登记的初审工作，还协助建设部有关部门做了第三批和第四批晋升甲级资质监理单位的初审工作。

（二）努力为会员提供良好服务

协会认真分析研究会员队伍状况，充分考虑会员单位的需求，同时兼顾我国建设监理行业发展的实际，运用多种形式，突出重点、有的放矢地开展调研、召开交流会，组织监理业务培训等工作，并受到会员单位的普遍欢迎。

积极开展调研。一是，1998年就国家特大型企业下属监理公司的经营运作情况，深入胜利油田监理公司进行了调研；二是，1999年协会到上海、深圳两地，就监理单位体制改革中遇到的企业产权改革、经营管理机构与所有者关系的改革、人事用工制度改革、收入分配制度改革、企业改革后与政府部门的关系等问题进行了调研，为今后监理企业的改制工作提供参考依据。

组织召开形式多样、主题丰富的交流会。一是，1998年协会分别在海口市和乌鲁木齐市召开全国建设监理规范化经验交流会和西北地区建设监理经验交流会，就监理单位内部管理规范化，工程项目监理规范化，ISO9000质量管理标准的贯彻与认证，设计阶段监理实践，加快西北地区建设监理发展等问题进行广泛深入的交流，提出了具体建议，并向政府有关部门及时反馈意见。二是，1999年协会秘书处与长江三峡建设开发总公司采取听报告、现场参观、小组讨论、会场答疑等方式，共同召开了三峡工程建设监理经验现场交流会。会议不仅总结宣传了三峡工程建设监理经验，而且对进一步推动和完善我国的建设监理制具有重要作用。

组织多层次、多类型监理业务培训。一是，举办了9期总监理工程师研讨班。为增强培训效果，协会组织有关人员围绕总监的职责和任务、合同管理与索赔、ISO9000质量管理标准等方面编写了全国总监理工程师培训教材，组织了相对稳定的讲师团，聘请在理论和实践方面有丰富经验的专家授课。二是，开办了3期建设监理单位负责人（经理）研讨班。主要围绕企业经营管理方法、规范化建设工作、监理市场开发和企业改制等方面展开研讨。三是，协会分别在广州、成都、北京组织了3期质量体系内部审核员培训班。系统地学习了ISO9000族标准的基本概念和质量手册、程序文件、质量计划和作业指导书等文件的编制程序、内容、方法，以及监理企业内部审核的基本内容、方法和技巧，为监理企业开展贯标认证工作奠定了一定基础。此外，1998年末协会成立了认证咨询办公室，专门为会员单位的贯标认证工作提供咨询服务。先后为十多家监理企业提供了贯标咨询服务，并顺利通过了认证。

（三）拓宽宣传渠道，加强行业宣传

协会一直把为会员、为行业提供广泛及时的信息服务作为努力方向，在提高协会自办刊物质量的同时，积极开拓新的服务途径，满足会员单位的需求。

1997年初，《中国建设监理简讯》组建了通讯员队伍，先后正式聘任了52名通讯员，并先后在桂林、北京召开了两次通联工作会，总结交流各地协会的办刊经验，提出了理论联系实际，宣传引导并重，文章短小精悍，政策性、时效性要强的办刊原则。

1999年11月20日，协会召开新闻发布会，宣布正式建立《中国建设监理在线》网站，加快信息流通速度，扩大行业宣传力度。通过协会"一网两刊"及时转载有关文件，加大建设法规的宣传力度，总结宣传监理经验，推广应用理论成果，扩大了建设监理的社会影响。

1999年，为了树立和宣传监理单位和监理人员的形象，经常务理事会决定和建设部同意，协会在会员单位中开展了评选"先进工程建设监理单位"和"优秀总监理工程师"的活动。授予65家监理单位为"先进工程建设监理单位"和110人为"优秀总监理工程师"，并对获得荣誉称号的监理单位和个人颁发奖牌和证书。

二、加强对外联络，开展国际交流

协会采取请进来、走出去的方法，积极加强国际交往，扩大中国建设监理在国际上的影响。通过交流，既向国外介绍了中国建设监理事业发展概况和特点，同时也学习和了解了国外工程咨询（建设监理）的经验和特点，择善而从，促进中国建设监理制度与国际惯例的接轨。

1997年5月，中国建设监理协会与香港工程师学会、英国特许建造师学会（香港），在深圳共同举办了"九七内地、香港工程建设监理交流研讨会"。两地监理工作者就建设监理法规与政策、发展现状与发展前景等问题进行了深入研究探讨。1997年协会还与法国公共工程高等专业学院合作，在北京举办了一期《国际工程建设监理高级研修班》。

1998年协会邀请德国工程专家施贝希特教授、卡力亚博士、格纳博士等来中国访问讲学，并在国内举办了《中德建设监理国际交流研讨会》。此外，应（法国）欧洲麦特里斯技术公司、美国奥克拉荷马大学及有关行业协会邀请，我会先后组织了四个出国考察团，分赴美、英、法、德等国考察参观，与国外的协会、学会、企业、科教和政府机构等进行了广泛交流。通过这些考察与交流，增进了我们对欧美在市场经济条件下的建设管理与监理的做法的了解，开阔了视野与思路，对我国建设监理制度的完善与发展有借鉴意义。

三、强化内部管理，加强自身建设

根据协会工作和发展需要，协会秘书处先后建立与完善了各项管理制度，如《秘书处办公会制度》《人事管理制度》《财务管理规定》《工作人员考核管理办法》及《秘书处廉政建设准则》等。通过建章建制，强化管理，调动了工作人员的积极性，提高了服务质量。同时按照建设部党组和机关党委的部署，协会党支部积极组织协会工作人员参加政治学习，加强思想政治工作。

厚积薄发，行稳致远
（2000 年 3 月～ 2007 年 4 月）

    随着我国改革开放的深入和经济全球化的到来，行业协会迎来了新的发展机遇。经历了多年的经验积累，协会不断完善组织机构建设和制度建设，强化自律机制，提升自身队伍素质，进一步明确了发展定位，立足于服务行业，积极开展调查研究，反映行业诉求，充分发挥协调作用，促进企业合规经营，配合政府宏观调控，逐步走向规范化、制度化的轨道。同时，以我国加入 WTO 为契机，与国际接轨，努力发挥行业协会在维护企业权益、加强行业的开放与交流等方面的重要作用；努力适应新时期协会工作的发展要求，在构建社会主义和谐社会的进程中开创协会工作新局面。

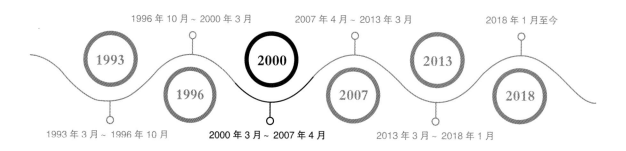

1996 年 10 月～ 2000 年 3 月   2007 年 4 月～ 2013 年 3 月   2018 年 1 月至今

1993   2000   2013

1996   2007   2018

1993 年 3 月～ 1996 年 10 月   2000 年 3 月～ 2007 年 4 月   2013 年 3 月～ 2018 年 1 月

第三届理事会领导班子

（2000 年 3 月～ 2007 年 4 月）

名誉会长	郑一军　干志坚
顾问	姚　兵　傅仁章　张鲁风　何健安
会长	谭克文
常务副会长	田世宇
副会长	蔡金墀　李全喜　黄健之　郭成奎　何万钟　毛亚杰　卢春房　徐　光　张克华
秘书长	田世宇（兼）
副秘书长	雷艺君　徐　颖

　　中国建设监理协会第三届理事会是协会发展历程中任期最长的一届，见证了工程监理跨世纪、规范化、全球化的蜕变。1998 年 3 月 1 日《中华人民共和国建筑法》实施，明确了建设工程监理的法律地位；2000 年 1 月 30 日《建设工程质量管理条例》施行，明确了工程监理单位的质量义务和责任；2001 年 1 月 17 日建设部出台《建设工程监理范围和规模标准规定》（建设部令第 86 号），进一步明确了强制监理的范围；2004 年 2 月 1 日《建设工程安全生产管理条例》实施，明确规定了工程监理单位及监理工程师在安全生产管理方面的责任和义务。"一法两条例"的颁布实施，标志着建设工程监理的法律法规体系初步建立，监理走上了法治化的轨道，建设监理逐渐得到社会认可，建设工程项目实施监理的覆盖面逐渐扩大。

　　这一时期，监理事业蓬勃发展，监理队伍不断发展壮大，据首次监理统计数据显示，2005 年末，全国共有监理企业 5927 家，监理从业人员 433193 人。协会坚持以为行业服务、为企业服务、促进监理事业发展为宗旨，团结和依靠广大会员单位，在协助政府主管部门研究制定相关法规和规范、抓实行业管理，在提高队伍素质和解决企业共性问题等方面，做了一些有益的工作，较好地发挥了协会的作用。第三届理事会期间，协会本着"控制总量，慎重接纳"的原则，共接纳吸收新单位会员 209 家，团体会员 23 家，共有单位会员 754 家，团体会员 56 家。

一、当好政府的参谋助手，协力推动行业健康发展

（一）积极参与相关法规和规范的研究制定工作

　　1999 年受建设部委托，协会组织力量编写了国家标准《建设工程监理规范》，2000 年 12 月 7 日由建设部和质量技术监督局正式发布，于 2001 年 5 月 1 日开始实施。该标准充分反映了中国特色建设监理制度的丰富内涵，为建设工程监理工作提供了极具权威性的指导。2005 年，协会结合新出台的有关法律法规和标准规范，对《建设工程监理规范》进行了修改完善，使其结构更加合理，内容更加完整，通用性和可操作性更强。

参与建设部、国家发改委拟定新的工程监理收费标准。按照国家发改委、建设部的要求，积极协助组织各专业分会、团体会员和部分单位会员进行工程监理成本测算，为制订监理合理收费标准提供客观的市场信息和科学的决策依据，还参与了收费标准报批稿的起草及与有关部门的协商工作。

协助建设部完成了《建设工程监理招标投标管理办法》的起草工作，突出了在招标、评标过程中应重点考察监理方案、人员能力、企业信誉和业绩等因素和信誉指标，监理收费不作为最主要的评标依据等原则。

参与《建设工程项目管理试行办法》《注册监理工程师管理规定》《工程监理企业资质管理规定》《建设工程监理市场管理规定》《关于落实建设工程安全生产监理责任的若干意见》《注册监理工程师管理工作规程》《注册监理工程师继续教育暂行办法》等有关规章和规范性文件的起草与修订工作。

（二）认真完成政府主管部门委托的工作

配合建设部、人事部做好全国监理工程师执业资格考试工作。自1999年，协会受建设部委托承担了组织制定全国监理工程师执业资格考试大纲及修订、组织考试命题、确定试卷评分标准等相关工作。

2001年，建设部建管司和中国建设监理协会组成了全国监理工程师注册管理办公室，协会受建管司委托承担了全国监理工程师注册初审变更注册及换证工作。

受建设部委托，认真落实注册监理工程师继续教育的各项准备工作。制定了继续教育方案，组织编写教学大纲和培训教材。

2002年至2004年承担了国资委管理的集团公司所属工程监理企业的资质年检、资质晋级和资质增项的初审工作。

根据建设部的要求，开展与香港测量师学会专业人士资格互认工作，促进两地共同发展。2006年6月27日我会与香港测量师学会签署了"内地监理工程师和香港建筑测量师资格互认协议"。

（三）加强调查研究，探讨行业发展思路与政策

协会三届理事会期间，积极协助住建部建管司组织开展调研活动，分赴各地区，就我国工程监理市场发展趋势，工程监理企业发展方向、经营模式和发展规模，工程项目管理与工程监理的关系，工程监理企业开展工程项目管理业务的途径，工程监理服务成本构成及收费标准，工程监理安全责任及职业责任保险制度等进行实地调研。期间，召开由建设行政主管部门、建设单位、监理单位负责人及项目总监、施工单位项目经理参加的座谈会数十次，走访监理单位数十家，考察在监工程数十项。通过调研，进一步摸清了当前工程监理行业发展的形势和存在的主要问题，为建设部制定相关政策和法规提供了依据。

2003 年，协会同建管司与部分地方建设监理协会和工程监理企业的 30 多位专业人士，围绕我国加入 WTO 以后，企业如何把握市场、迎接挑战与稳步发展，如何界定工程监理责任和施工安全监理范围，如何开展勘察设计监理和实施职业责任保险，以及监理工程师个人执业等工程监理行业发展所涉及的热点问题进行了座谈研讨，初步理清了一些思路，形成了一定共识，为政府制定相关的政策措施提供了必要的条件。

二、努力做好会员服务工作，提供多方位服务

（一）推进企业改制工作，倡导创建名牌企业

2000 年 7 月，工程监理企业改制工作研讨会在上海召开，会议对工程监理企业改制的必要性和可行性进行了分析，对监理企业改制类型、产权设置、法人治理结构、人事、用工和分配制度及改制程序与步骤等作了总结，并就企业改制中应注意的问题和改制以后的企业发展问题提出了建议。

2002 年至 2003 年，先后在北京、天津、杭州、上海、武汉、西安等地与省、市协会和有关部门协会一起组织召开了 10 余次有"公信力"监理企业座谈会，就创建中国的"名牌"监理企业问题广泛听取了意见，就创建名牌监理企业的意义和方法取得共识。

（二）组织经验交流，提供咨询服务

2001 年 9 月，我国监理行业迎接入世研讨会在北京召开。有关领导和专家就咨询服务业入世谈判的情况，世贸组织的性质、贸易规则，入世后的机遇与挑战及目前我国应进行的准备工作等作了内容丰富的专题报告并进行了分组讨论和广泛交流。

2003 年 12 月，工程项目管理研讨会在海南召开。会议邀请国内外一些优秀工程监理企业、项目管理公司介绍国内外工程项目管理的实施情况，交流管理经验。

2005 年初，工程监理经验交流会在南宁召开。会上广泛交流了在设计、施工阶段开展工程监理的实践经验和理论探讨，涉及了很多当前工程监理行业的热点问题。

2005 年 12 月，在建设部建筑市场管理司的指导和支持下，协会与上海市建设工程咨询行业协会在上海市联合组织了中国工程项目管理论坛活动。论坛主题有工程项目管理理论研究和人才培养、工程项目管理的组织形式、工程建设各阶段工程项目管理的实施方法和操作模式、工程项目信息化管理和软件应用等。

2006 年 7 月，工程监理企业经营管理经验交流会在重庆召开，会上交流了企业如何做大做强、提高企业公信力、加强企业文化建设和培养优秀人才及企业改制工作等各方面的管理经验。

（三）组织多层次、多类型监理业务培训

第三届理事会期间，协会围绕总监职责和任务、合同管理与索赔、ISO9000 质量管理标准等

方面组织编写了全国总监理工程师培训教材，举办了 14 期总监理工程师研讨班；围绕企业经营管理方法、规范化建设工作、监理市场开发和企业改制等方面开办了 8 期建设监理单位负责人（经理）研讨班；为满足监理企业开展贯标认证工作，协会在不同地区组织了 9 期质量体系内部审核员培训班；为推动《建设工程监理规范》的贯彻实施和实现监理工作规范化，举办 6 期《建设工程监理规范》宣贯培训班，同时还协助贵州、山东、黑龙江省建设监理协会举办了 3 期培训班。

（四）规范宣传服务，提升行业形象

2003 年取得了北京市新闻出版局颁发的《中国建设监理》内刊准印证，将创办十年的《中国建设监理简讯》更名为《中国建设监理》，使刊物宣传工作迈上了规范化的台阶。此外，协会还编印发行了《中国建设监理单位概览》，向社会宣传介绍了 200 多家监理单位的基本情况及工作业绩，为企业塑造形象、扩大影响，帮助企业拓展市场，走向成功。

2003 年在各省、自治区、直辖市建设监理协会和国务院有关专业分会（专业委员会）配合下，共评选出"优秀总监理工程师" 86 名，"优秀监理工程师" 182 名。2006 年评选出"先进工程监理企业" 92 家，"优秀总监理工程师" 105 名，"优秀监理工程师" 188 名，"优秀协会工作者" 64 名。对促进企业发展和加强监理工程师的爱岗敬业精神起到了一定的激励作用。

（五）加强对外交流，开展国际活动

协会采取请进来、走出去的方法，积极加强国际交往，扩大中国建设监理在国际上的影响。通过交流，既向国外介绍了中国建设监理事业发展概况和特点，同时也学习和了解了国外工程咨询（建设监理）的经验和特点，择善而从，促进中国建设监理制度与国际惯例的接轨。

2001 年 10 月，协会在北京邀请英国皇家特许建造师学会的专业人士组织召开了"中英国际工程管理交流研讨会"，会议在推进企业改制、增强企业活力，加速人才培养、优化知识结构，苦练企业内功、推进管理现代化，加强职业教育、增强服务意识和改善设施装备，实现智能监理等五个方面形成了基本共识。

2004 年至 2007 年，协会先后组织了七个团队先后赴澳大利亚、新西兰、韩国、日本、意大利、西班牙、瑞士、奥地利、瑞典、丹麦、美国、加拿大、南非、埃及等国家考察工程监理（工程咨询）、项目管理业务。此外，协会还积极参与建设部建管司、外事司的有关外事活动，根据要求安排人员参加建设部有关司局的国外业务考察活动。

纵观国外工程咨询行业的特点和行业发展情况，总的看，中国的工程监理事业，起步虽然较晚，发展并不慢，水平并不低，有中国特色。但与国际水平相比较，我们仍有很大差距。企业必须在经营理念、人才战略、队伍素质、合作精神等各方面不断提升竞争意识和创新发展，才能适应国际工程咨询服务业的快速发展，逐步走出国门。

三、坚持改革创新，加强自身建设

随着我国改革开放的深入和经济全球化的到来，政府宏观调控体系的初步建立和政府职能的转移，行业协会作为宏观经济与微观经济的中间环节，在维护企业合法权益、加强行业的开放与交流等方面，发挥着重要作用。这一时期，建设工程监理法律法规体系虽初步建立，但还缺乏完善的体系建设，建设工程监理全面推行后，监理队伍日益壮大，如何科学、规范发展，监理工作任重道远。协会秘书处进一步转变观念，提高自身素质，增强服务意识，强化自律机制，全面落实科学发展观，努力适应新时期协会工作的发展要求。

（一）完善协会组织机构建设

根据三届二次理事会审议决定，协会组建成立了四个分支机构，分别是 2004 年 8 月 30 日成立的石油天然气分会和机械分会，2005 年 3 月 23 日成立的船舶监理分会和化工监理分会，加上 1994 年 3 月 15 日成立的水电建设监理分会，协会已有五个分支机构。

为加强理论对实践的指导，促进我国工程监理事业稳步健康发展，2003 年 8 月成立了中国建设监理协会理论研究委员会，由 43 位委员组成了从事监理理论研究的学术团体。

（二）加强秘书处履职能力建设

第三届理事会期间，协会建立与完善了 13 项管理制度，如《秘书处办公会制度》《人事管理制度》《财务管理规定》《工作人员考核管理办法》及《秘书处廉政建设准则》等，其中最为突出的是在总结经验教训的基础上，进一步强化了财务管理制度。通过建章建制，强化管理，调动了工作人员的积极性，提高了服务质量，使秘书处的工作进一步走上了规范化、制度化的轨道。

加强了领导和工作机构建设，增设了有经验的同志为顾问，实现了政府和协会分开。充实了秘书处工作人员，人数由 10 人增加到 15 人，其中具有高级职称 7 人，硕士研究生 4 人，曾参与建设监理开创与实施的 5 人，工作班子整体年龄结构、知识结构和工作能力有了较大提升，为增强协会工作奠定了坚实基础。

（三）积极探索开展行业自律工作

为规范工程监理企业的经营行为和监理人员的执业行为，提高工程监理行业的社会信誉，协会秘书处起草了《建设监理行业自律公约》（审议稿）和《监理人员职业道德守则》（审议稿），并在 2003 年 9 月召开的三届二次常务理事扩大会上广泛征求了意见，提请第四届会员代表大会审议。

开拓进取，砥砺前行
（2007 年 4 月～ 2013 年 3 月）

　　我国建设工程监理经历了 20 年的不辍耕耘，逐步建立了一套比较完善的工程监理法规体系，创立了一套比较系统的工程监理理论，创新和发展了工程项目管理理论，培养了一支工程技术深厚、工程管理理论知识及实践经验丰富的高素质监理工程师队伍，走出了一条以监理工程师为基础，以工程监理企业为主体，国家强制性监理与企业市场化运作相结合，具有中国特色的创新发展道路。伴随着监理事业稳步攀升，监理队伍发展迅速，监理企业数量由协会成立初期的 800 多家发展至 6000 多家，监理从业人员由 4 万余人发展至 51 万余人。中国建设监理协会在会员的支持下，努力发展成为服务型、进取型、自律型、和谐型的行业组织，每年全国都能涌现出一批先进工程监理企业、优秀的监理工程师和总监理工程师，使监理行业愈加充满活力。

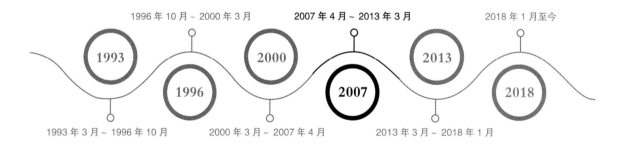

第四届理事会领导班子

（2007 年 4 月 ～ 2013 年 3 月）

名誉会长	干志坚　黄　卫　谭克文
总顾问	毛如柏　张基尧　姚　兵
顾问	田世宇　任树本　王永银　王素卿　吴慧娟
会长	张青林
副会长	孙世杰　吴之乃　邵予工　陈东平　苏炳坤　张元勃　郭成奎　姚念亮　黄杰宇　滕绍华
秘书长	林之毅
副秘书长	温　健　吴　江

第四届理事会期间，恰逢我国工程监理制度建立 20 年，监理事业的发展一直受到党中央、国务院领导的高度重视。2008 年 11 月 28 日，在全国百家监理企业共同倡议下，协会代表广大企业致信温家宝总理，全面汇报了二十年建设监理事业取得的巨大成就，真诚表达了对持续推动我国建设监理事业发展的坚定信心和热切愿望。2008 年 11 月 30 日，温家宝总理在百忙之中做出重要批示：加强工程监理是保证工程质量和效益的重要环节，责任重大。希望建设监理企业要认真履行监理职责，严格执行监理制度，强化工程建设监督管理，确保工程质量，为国家和人民做出新的贡献。

为贯彻落实温家宝的重要批示，弘扬监理工作者不断进取、勇于创新的精神，2008 年 12 月，中国建设监理协会在北京召开了中国建设监理创新发展二十周年总结表彰大会。在回顾工程监理制度创立和发展的历史进程的同时，系统总结了我国监理事业发展取得的实践经验和丰硕成果，深刻分析了我国工程监理行业存在的问题，科学展望了我国工程监理事业的发展前景。同时，协会授予 64 名同志"中国工程监理大师"称号。

在第四届理事会会长张青林的带领下，协会不断加强自身建设，在推进监理制度建设、提高行业队伍素质、促进行业创新发展、扩大行业国际影响力等方面做了不少有益工作，努力发展成推动监理行业发展的服务型协会、繁荣工程监理行业的进取型协会、规范工程监理行业的自律型协会和推动、繁荣、规范监理行业的和谐型协会。第四届理事会期间，协会接纳新会员 406 家，清退部分长期不履行义务的会员。协会共有会员单位 948 家。其中综合级企业 18 家，甲级企业 850 家，两类合计占会员总数的 92%，会员单位整体素质处于较高水平。

一、积极主动作为，创建服务型协会

为行业发展服务是协会始终坚持的根本宗旨，是协会工作的出发点和立足点。工程建设行政主管部门是推进行业发展的行政主体，是主要推动力。监理企业是市场经济主体，是行业主导力量。积极发挥桥梁纽带作用，坚持为政府、为行业双向服务，协会才能有所作为，以至大有作为。

（一）协助主管部门工作，推进监理制度建设

积极参与建设部 ● 完善工程监理法规政策和有关司局委托的多项课题研究工作，主要包括：建设工程监理管理条例研究、工程项目监理机构人员配备标准研究、注册监理工程师注册执业管理系统研究、工程质量保险检验检测机构研究等。

受建设部标准定额司委托组织修订了《建设工程监理规范》。通过调查研究，在贯彻落实近年来颁布的有关工程监理法规政策的基础上，组织有关机构和专家对其进行修订，调整了结构，增加了相关服务和安全生产管理的工作内容，完善了相关表式，细化了工程监理工作内容。

受建筑市场监管司委托组织修订了《建设工程监理合同（示范文本）》，该示范文本对工程监理的性质、工作内容和范围进行了科学定位，厘清了工程监理的义务和责任，对于进一步规范工程监理行为，促进工程监理制度的持续健康发展具有重要指导意义。

2007 年 4 月，国家发展改革委与建设部联合发布《建设工程监理与相关服务收费管理规定》和《建设工程监理与相关服务收费标准》后，中国建设监理协会积极组织开展宣贯活动，动员全行业认真贯彻执行，帮助监理企业了解、掌握新标准的内容。

2007 年 11 月，协会积极协助建设部在天津召开全国工程项目管理工作座谈会，参与起草了《工程项目管理服务合同（示范文本）》和《工程监理企业创建工程项目管理公司的若干意见》。这次会议明确了工程项目管理服务工作的指导思想、目标和主要任务，对于开展和推进工程项目管理服务工作具有重要指导意义。

2007 年，按照建设部的要求，中国建设监理协会与香港测量师学会根据互认协议，正式启动了内地监理工程师与香港建筑测量师资格互认的培训、测试工作。共有内地 255 名注册监理工程师、香港 228 名建筑测量师获得对方的资格证书，协会与香港测量师学会共同举办了资格证书颁发仪式。自此，有 2 名取得内地监理工程师资格的香港建筑测量师在广东申请注册执业；同时，有 3 名取得香港建筑测量师资格的内地监理工程师在香港注册。

2009 年开始，根据住房和城乡建设部质量安全监管司的安排，协会组织编写了地铁工程监理人员培训教材，开展了地铁工程监理人员专项培训，受到监理企业的重视和欢迎。

2010 年 11 月 25 日，住房和城乡建设部在南京召开第八次全国建设工程监理工作会议，总结了工程监理工作经验，进一步厘清工作思路，部署今后一段时期我国工程监理任务。会议筹备期间，协会积极配合住房和城乡建设部组织行业调研、召开专题会议、参与文件准备等，为

● 2008 年 3 月，根据十一届全国人大一次会议通过的国务院机构改革方案，"建设部"改为"住房和城乡建设部"。

会议顺利召开奠定了基础。

2012年3月，住房和城乡建设部和国家工商行政管理总局颁布新修订的《建设工程监理合同（示范文本）》后，协会举办了示范文本宣贯师资培训班，并配合部分省市进行了宣贯，取得良好效果。

（二）办好政府委托工作，提高行业队伍素质

受住房和城乡建设部委托，中国建设监理协会每年组织实施监理工程师执业资格考试相关工作，根据行业发展特点和政策法规的新要求，不断改进命题工作、提高命题质量。

受住房和城乡建设部建筑市场监管司委托，中国建设监理协会承担了全国监理工程师注册申请材料受理和审查工作。按照注册管理规定，协会更新了注册管理网络系统、组建了审查工作机构、制定了审查工作办法。

按照住房和城乡建设部要求，中国建设监理协会组织地方协会、专业监理委员会（分会）和部分省的注册中心，委托85所大专院校、培训中心等面授培训单位，积极做好注册监理工程师继续教育工作。协会组织地方协会和各专业监理委员会（分会）编写出版了必修课和11个选修课专业教材，组织审定了房屋建筑工程、冶炼工程、矿山工程、化工石油工程、水利水电工程、电力工程、铁路工程、公路工程、航天航空工程、市政公用工程、机电安装工程11个专业工程的继续教育教材，发布了继续教育必修课和有关专业选修课的培训大纲，开通了网上逾期注册、变更注册和15个省、2个专业委员会及公路工程、通信工程选修课等延续注册继续教育系统。通过开展注册监理工程师继续教育，提高了注册监理工程师的业务素质和执业能力，适应了市场对工程监理人才的需求。

二、加强理论研究，创建进取型协会

进取是一种精神、一种状态、一种求索和不断的理论探讨与实践创新。唯思进取，行业才能繁荣，协会才能繁荣，监理企业也才能繁荣。协会在政府主管部门的指引下，紧紧依靠监理企业、广大的监理工程师和监理工作者，通过开展调研活动，加强理论研究，加大国内外交流力度等方式，发扬不断进取的创新精神来实现监理行业的繁荣发展。

（一）积极开展调查研究，撰写行业发展报告

第四届理事会期间，中国建设监理协会多次组织行业调研活动，并撰写调研报告。2008年10月，协会就汶川地震灾后重建工程的监理情况进行了考察调研。2009年开始，协会先后在多个省市和有关部门开展了监理定位专项调研。2010年初，协会组织六个调研组分别赴北京、天津、上海、重庆、山西、陕西、海南等省市和部分专业部门就监理从业人员的基本情况、监理企业运营情况、监理市场等情况进行了调研。2012年，协会在北京、成都、上海召开了部分企

业和行业协会座谈会，进一步考察调研了行业发展情况，通过一系列调研活动，我们较全面地掌握了监理行业发展状况，明确了工作目标。同时，协会编制了《2011 至 2015 理论研究规划纲要》《工程监理行业发展报告》等研究报告。

（二）发挥理论指导实践作用

随着改革开放的深入，社会主义市场经济的发展，工程建设管理体制机制的深化改革，市场对建设项目采取综合性和专业化的工程项目管理服务需求增大。《建设工程项目管理试行办法》（建市〔2004〕200 号）、《关于大型工程监理单位创建工程项目管理企业的指导意见》（建市〔2008〕226 号）等一系列指导性文件的出台，在监理行业内掀起了创建工程项目管理公司的热潮。工程监理与项目管理一体化服务是工程监理企业适应时代发展需要的一种服务模式创新。大型监理企业创建项目管理公司是适应社会主义市场经济和与国际惯例接轨的需要，是大型监理企业深化改革和加快发展的需要。2009 年，协会选择了中国科技馆工程、保定多晶硅工程、武当山太极湖生态文化旅游区工程和青川县灾后恢复重建工程四项大型工程作为试点，组织有关企业开展试点工作，探索实践工程监理企业的项目管理服务。同时，协会还组织开展了工程监理与项目管理一体化服务试点实践活动，组织 10 家工程监理企业为天津滨海新区于家堡金融开发区的业主提供项目管理服务活动，制定了一整套项目管理实施方案及项目管理手册，具有较强的针对性和指导性，获得业主好评。上述试点工作的经验和成果，引起了全行业广泛关注，不少大型监理企业已开始尝试工程监理与项目管理一体化服务模式，并获得显著成效。

推进学习型组织创建活动，引导监理企业创新发展。为增强监理人员学习能力、实践能力和创新能力，协会组织了 20 家工程监理企业、15 家行业和地方协会作为试点单位，先行开展了学习型监理组织创建活动。试点企业通过学习型监理组织创建活动，塑造了良好的企业文化，大力推动了工程监理企业品牌建设，凝聚了更多优秀人才，成为行业内具有公信力、能够带动全行业发展的中坚力量。

（三）增强内外交流，扩大行业影响力

在搭建国际交流平台方面，协会采取"走出去、请进来"的方法与相关国际组织、机构进行合作交流。一是，加强与海外相关行业协会的联系和沟通。为推进我国工程监理行业国际化进程，加快提高工程监理企业的项目管理水平，协会多次组织会员单位参加国际交流活动。例如：加强与世界银行组织的联系和沟通，研究探讨我国工程监理企业如何有效参与世行贷款项目的监理投标和项目管理服务的办法和方案；邀请英国皇家特许测量师学会全球主席王书燐先生来华访问，对项目管理高端人才培养问题做专项交流，磋商有关合作事宜。二是，组织学习考察国际工程项目管理经验。协会组织了赴德国和英国考察团，重点了解了德国工程项目管理实施情况和英国工程质量安全管理模式，同时还访问了德国项目管理协会和英国工程监督及建设监理学会，并在学术交流、人才培养等方面进行了专题探讨，为互利合作奠定了基础。三是，协会参加了住房和城乡建设部在韩国举行的"第八届中韩建设产业合作会议"；参加了"美国、加拿大工程管理现状、建筑劳务管理"等考察。四是，协会与澳大利亚麦克理大学共同举办了国际工程项目管理研讨活动，使国内企业对澳洲项目管理体系的实施运作及精细管理等有了较为深刻的了解。

在组织召开国内交流会、研讨会方面，一是组织召开了总监工作经验交流会，并编辑了《总监工作理论研讨会论文集》。二是组织召开了对施工单位安全生产管理进行监督理论研讨会，并编辑了《监理对施工安全监管专题论文集》。三是组织召开了建设监理技术研讨会，探讨了 BIM 技术的应用及有关数字化技术在工程监理中的应用。四是，组织召开全国监理行业共创鲁班奖工程表彰大会暨第三届中国建设监理峰会。大会对共创 2009 年度鲁班奖工程的 90 家监理企业和 94 名总监理工程师进行了表彰，对获得 3 项以上鲁班奖工程的 3 家监理企业颁发了共创鲁班奖工程优秀监理企业证书。本届峰会围绕"社会质量观"这一新理念，交流"创建学习型监理组织"和"推进一体化服务"两大主题。

三、强化自律意识，创建自律型协会

所谓自律，就是严格按照监理行业的法律法规、标准规范等要求，在市场竞争中自律，在为建设工程质量把关上自律，在职业道德上自律。为贯彻中纪委党风廉政建设精神，落实住房和城乡建设部加快推进建筑市场信用体系建设的要求，中国建设监理协会对部分地区和专业领域监理行业自律和诚信体系的建设情况进行了调研，初步总结出一些好的经验和做法，如上海市借鉴国外经验，结合国情开展了建设工程咨询行业信用体系建设研究与应用的课题研究，陕西省、四川省、深圳市等许多省市制定了建设监理行业自律公约，北京市、天津市、浙江省、湖南省、黑龙江省等省市制订了具体的工程监理企业信用评价办法，电力分会、山西省开展了诚信企业评选活动。这些举措对于推进监理行业自律和诚信体系建设，完善工程监理制度起到了良好作用，同时也为建设自律型协会打下坚实基础。

四、重视自身建设，创建和谐型协会

和谐，是这个时代的强音和社会的共鸣，成为协会加强自身建设的重中之重。加强自身建设是充分发挥协会作用，为会员提供良好服务的重要保证。协会要努力建设成监理企业之家、监理工程师之家、监理工作者之家的和谐大家庭。

一是，加强组织建设。协会定期召开常务理事会和各协会秘书长工作会议，交流通报协会情况，研究部署相关工作。同时，根据协会章程，抓好会员管理工作。

二是，完善内部规章。协会始终把遵纪守法、按章程办事、不断完善规章制度作为秘书处建设的一项重要的基础工作。六年来，不断完善协会的决策制度、会议制度、人事工资和劳动制度、分支机构管理制度等制度体系建设，进一步完善了秘书处工作制度，规范了协会工作程序，按照规章制度的要求履行岗位职责，加强业务学习，增强服务意识，提高服务水平，强化工作纪律。

三是，抓好财务管理。协会十分重视财务管理活动，按照民政部和中纪委有关要求，不断健全内部财务管理制度，全面整合了分支机构的财务管理。每年邀请会计师事务所和税务师事务所对协会财务进行双重审计，自觉加大外部监督力度，确保了财务管理规范、高效，多次被住房和城乡建设部计财司评为先进单位。第四届理事会期间，协会顺利通过国家审计署驻部审计局开展的专项治理工作检查，在税务、社保、统计等部门的多次抽查中，均得到各检查机关的肯定。

四是，推进党建工作。第四届理事会期间，协会党支部按照住房和城乡建设部社团第一党委要求，加强政治学习，开展组织活动，制定了党风廉政建设责任制，定期开展领导干部民主评议工作，组织党员和积极分子赴西柏坡、白洋淀、历史博物馆等开展革命传统教育，重温入党誓词，激发爱国热情和爱岗敬业精神，增强反腐倡廉意识。期间，协会党支部发展了三名新党员，培养了多名入党积极分子并列入发展计划。

五是，提高服务能力。牢固树立为行业和会员服务的办会思想，不断拓展服务内容，提升协会的服务能力。经过努力，协会购置办公场所，改善办公环境，设计生成协会会徽，增强协会文化建设，增加新生力量，形成了专职化的"老、中、青"三结合的工作团队。广泛利用行业人力资源，组建由行业精英构成的专家队伍，提供行业发展和政策制定技术保障；及时发布监理行业信息，提高协会"一网一刊"质量，扩大行业影响力；加强协会与会员间的沟通，增强行业凝聚力，促进行业健康发展。

踔厉奋发，守正创新
（2013 年 3 月～ 2018 年 1 月）

　　随着党的十八大提出全面建设小康社会、推进生态文明建设、推动城乡一体化发展、推进政治、经济体制改革等目标任务，进一步推动了监理行业持续发展和改革创新。尤其生态文明建设的提出，有力地促进绿色建筑的发展，促进涉及保障性住房、节能低碳建筑等一大批民生工程的建设，为监理行业发展注入新的活力。建设领域投资多元化促进了监理行业服务多元化的发展。

　　这一时期，国家经济发展迅速，固定资产投资增大，建设项目如雨后春笋般涌现，但随之而来的是质量安全生产面临着严峻考验。国家对监理十分重视，先后印发了强化监理作用、促进监理行业转型升级的相关政策文件。监理行业发展迎来了机遇与挑战并存的时代。

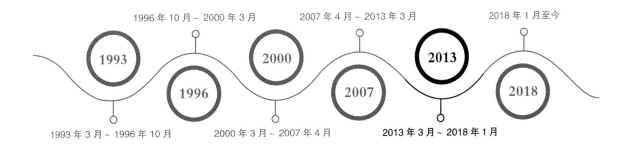

第五届理事会领导班子

（2013年3月～2018年1月）

会长	郭允冲
副会长	修 璐 王学军 张元勃 唐桂莲 孙占国 陈 贵 龙建文 雷开贵 商 科 陈东平 邵予工 肖上潘 李明华
秘书长	修 璐（兼）
副秘书长	温 健 吴 江

中国建设监理协会第五届理事会在监理制度建立25年、协会成立20年之际诞生。经历了20多年的发展，我们既看到监理行业面临着大有可为的发展机遇，对发展前景充满信心，也高度重视发展中存在的问题和不足。在第五届理事会会长郭允冲的领导下，协会团结会员，积极进取，在创新会员管理服务、加强行业自律建设、开展课题研究和标准化建设、协会自身建设等方面取得了长足进步。截至2017年底，协会共有单位会员1036家，团体会员58家，个人会员100884名。

一、政府协会双向合力，推动监理行业健康发展

随着我国经济体制改革的不断深入和政府职能的转变，行业协会在服务经济社会发展中发挥了越来越大的作用。协会在不断发展实践中，充分体会到要发挥好政府与企业间的桥梁纽带和参谋助手作用，努力提升服务、协调、维权、自律等履职能力，成为依法自治的现代社会组织，更好地为政府提供服务，取得政府信任。

（一）贯彻落实主管部门要求，加强行业自律机制建设

受住房和城乡建设部标准定额司的委托，协会吸收了20多年来建设工程监理的研究成果和实践经验，并贯彻落实近年来出台的有关建设工程监理的法律法规和政策，组织修订了《建设工程监理规范》，并于2013年5月13日由住房和城乡建设部和国家质量监督检验检疫总局正式发布。2013年6月，协会组织编写了《建设工程监理规范应用指南》，帮助工程建设参与方特别是工程监理企业准确理解和执行《建设工程监理规范》，提高监理工作质量。2013年7月至8月，分别在哈尔滨、乌鲁木齐、重庆、长沙、南京五个片区开展宣贯工作。协会还带领宣讲团队协助部分地方协会进行宣贯，使新版规范迅速传播，指导工程实践。

2014年，住房和城乡建设部印发《工程质量治理两年行动方案》，协会积极响应，组织召开贯彻落实住房和城乡建设部《工程质量治理两年行动方案》暨建设监理企业创新发展经验交流会，发布《中国建设监理协会倡议书》，迅速落实工程质量治理行动方案，加强行业自律管理，完善诚信体系建设，不断促进建设工程监理行业的健康发展。同时，在协会网站和《中国建设

监理与咨询》及时报道"工程质量治理两年行动"的开展情况。2015 年，住房和城乡建设部印发《建筑工程项目总监理工程师质量安全责任六项规定（试行）》，协会通过发文、召开会议等形式积极开展宣贯，大力推进工程项目总监理工程师质量安全六项规定的贯彻落实。

推进诚信体系建设，健全行业自律机制。为建立健全行业自律管理机制，维护公平竞争的市场环境，促进工程监理行业健康发展，协会根据《民政部关于开展行业协会行业自律与诚信创建活动的通知》（民函〔2013〕111 号）要求，出台了《建设监理行业自律公约（试行）》。为规范企业市场行为，提高监理人员职业道德水平，推进行业诚信建设，协会发布了《建设监理人员职业道德行为准则（试行）》《建设监理企业诚信守则（试行）》等文件。

紧跟市场发展形势，做好监理取费市场化指导。2015 年 2 月 28 日《国家发展改革委关于进一步放开建设项目专业服务价格的通知》发布，监理取费实行市场调节价。协会密切关注专业服务价格放开后的监理收费变化和市场竞争形势，多次与政府主管部门沟通和开展调研，广泛征求专家意见，印发了《关于指导监理企业规范价格行为、维护市场秩序的通知》，对工程监理服务价格市场化起到一定的指导作用。

落实主管部门要求，推进行业标准化建设。2016 年 4 月在杭州召开监理工作标准化建设座谈会，讨论研究了工程监理行业工作标准化建设相关情况，分析了监理工作标准化建设实施效果、存在问题及推动监理工作标准化建设的措施。2016 年 12 月在深圳召开监理标准体系顶层设计专家座谈会，讨论了工程监理行业发展标准体系顶层设计，助推监理工作标准化建设。

（二）落实相关政策精神，完成政府委托工作

受住房和城乡建设部委托，协会协助人力资源和社会保障部人事考试中心做好监理工程师考试工作。2013 年至 2017 年期间，协会广泛听取各方意见，遵循政策法规的新要求，不断改进命题工作，提高命题质量，每年均出色完成出题审题工作和主观题阅卷工作，且未发生考题质量和泄密事故。2013 年至 2017 年度，全国监理工程师执业资格考试报考人数共计 34.5 万余人，合格人数 8.8 万余人，合格率均保持在合理范围内且相对稳定。

不断提高服务能力，着力保障继续教育质量。协会于 2013 年召开注册监理工程师继续教育工作专题会，研究注册监理工程师继续教育工作存在的问题，提出政策建议。为提高网络继续教育质量，协会加强对网络继续教育的规范管理，启用了新的注册监理工程师网络继续教育平台。为落实《国务院关于第一批清理规范 89 项国务院部门行政审批中介服务事项的决定》《关于勘察设计工程师、注册监理工程师继续教育有关问题的通知》的要求，2016 年协会下发了《中国建设监理协会关于停止受理注册监理工程师网络继续教育报名的通知》《关于注册监理工程师过渡期注册有关问题的通知》《关于注册监理工程师继续教育有关事项的通知》《关于开展注册监理工程师继续教育的补充通知》等文件，取消了指定的继续教育培训机构，允许有条件的监

理企业、高等院校和社会培训机构开展继续教育工作，保证监理工程师继续教育工作的有序开展。2013年以来，完成监理工程师继续教育和个人会员网络业务学习30.5万余人次。

优化注册管理流程，缩短申请注册时限。第五届理事会领导班子上任伊始，即把解决监理工程师注册周期长的难题列入了2013年的重点工作，通过改进工作流程，提高了注册审查工作效率。2015年，为配合行政主管部门审批制度改革，协会起草了《注册监理工程师审批事项服务指南》《注册监理工程师注册审批服务规范》等文件，对监理工程师注册程序进行规范。2013年1月至2016年12月受行政主管部门委托，共受理监理工程师注册审查近37.8万人，其中初始注册9万余人，变更注册9.6万余人，延续注册18.3万余人，遗失补办3千余人，注销注册4千余人。

2017年5月，根据住房城乡建设部人事司《关于由住房和城乡建设部执业资格注册中心承担监理工程师注册审查相关工作的通知》要求，中国建设监理协会与住房和城乡建设部执业资格注册中心就监理工程师注册工作完成交接，并签订《关于交接监理工程师注册工作备忘录》。

（三）积极发挥桥梁纽带和参谋助手作用

通过组织开展调研、研讨、座谈等多种形式倾听会员呼声，反映会员诉求，助推行业健康有序发展。一是，2015年9月，协会以问卷形式对房屋建筑、市政公用、公路和铁路等四类专业工程的监理定位、业务来源、招投标情况等内容进行调研，并将有关情况及时进行反馈。二是，2015年10月，协会经调研撰写了《工程监理行业地位和服务内容发展趋势研究报告》，向行业主管部门如实反映了当前工程监理地位偏移、监理连带安全责任、监理价格市场化竞争加剧等问题，通过具体案例和数据分析，较为客观地反映了当前工程监理行业现状，提出了促进工程监理行业发展若干意见和建议。三是，2016年，根据住房和城乡建设部建筑市场监管司要求，两次组织多方力量就《进一步推进工程监理行业改革发展的指导意见（征求意见稿）》征求意见和建议，并及时反馈。2017年7月7日，住房和城乡建设部发布《住房城乡建设部关于促进工程监理行业转型升级创新发展的意见》，为工程监理行业的改革发展指明了方向。

二、创新会员服务模式，提升会员服务质量

协会始终认真践行服务宗旨，把发展会员、服务会员作为重点工作来抓，不断谋划服务工作、创新服务模式、改进服务方法、提升服务水平，扎实做好各项服务工作，并取得显著成效。

（一）做好会员发展与管理工作

为适应市场化改革，强化个人资格管理，完善自律机制建设，逐步实现个人资格管理与国际接轨，协会参照国际惯例建立健全了个人会员制度。2015年11月，协会五届二次会员代表大会审议通过了《中国建设监理协会个人会员管理办法》和《个人会员会费标准和缴费办法》，标志着个人会员制度正式建立。为加强和完善个人会员管理，2015年"中国建设监理协会个人

会员管理系统"上线，并为个人会员提供免费继续教育服务。

（二）开展会员业务辅导，提升会员服务水平

2017年9月至11月，协会分别在乌鲁木齐、南京、长沙等地区开展政策宣讲活动，解读《国务院办公厅关于促进建筑业持续健康发展的意见》和《住房城乡建设部关于促进工程监理行业转型升级创新发展的意见》等政策精神，使会员单位更及时准确地了解行业转型升级创新发展方向。为更好地提升会员履职能力，协会组织开展了多次免费业务辅导活动。

（三）开展行业热点交流，提升企业业务水平

针对行业热点难点问题，协会积极组织开展交流活动，探索尖端技术应用，拓展企业发展思路，提升企业服务能力和业务水平。协会第五届理事会期间，针对行业热点难点问题，围绕企业转型升级新思路、企业法律风险防范意识、信息技术应用、引导企业规范价格行为等方面，协会共组织召开7场经验交流会，通过交流开拓行业人员思维，鼓舞士气，振奋精神。

（四）加强行业宣传，提升监理形象

在行业宣传方面，一是，出版发行《中国建设监理与咨询》连续出版物。2014年底，协会与中国建筑工业出版社合作出版发行《中国建设监理与咨询》，设有政策法规、行业动态、人物专访、监理论坛、项目管理与咨询、创新与研究、企业文化、人才培养等多个栏目，积极宣传监理行业政策、法规，推广行业新技术、新手段，报道企业创新发展经验，及时传递行业动态。二是，采取多种措施，不断提升刊物质量。为提高刊物质量，更好发挥编委及通讯员作用，协会制定了《〈中国建设监理与咨询〉编委会管理办法》和《通讯员管理办法》，进一步明确编委和通讯员的工作内容和职责。2016年举办了主题征文活动，得到了广大监理工作者积极响应和热情参与，共收到了520余篇文章，进一步扩大了《中国建设监理与咨询》在行业内的影响力，提高稿源数量和稿件质量。三是，创新宣传方式，提高行业影响力。协会于2017年在《中国建设报》开设"建设监理行业风采"栏目，主要展示和推介全国建设监理企业在服务行业、协助政府、保障工程质量等方面的创新性作为。截至2017年底已在《中国建设报》发稿18篇，展示了我国工程监理行业的成就和风采，扩大了工程监理在建筑业中的影响力，提升了监理行业在社会上的认知度，为促进监理行业健康发展起到了良好的作用。四是，发挥好新媒体的宣传作用。2017年3月，协会开通了中国建设监理微信公众号，利用"一网一刊一公众号"实时发布行业有关制度、法规及相关政策，宣传报道协会和地方协会开展的活动，充分发挥行业宣传工作对内凝聚人心、对外树立形象的特殊作用。

在弘扬监理正能量方面，一是2014年，住房和城乡建设部在全国工程质量治理两年行动电视电话会议上通报表扬了协会推荐的5家近年来取得突出成绩的工程质量管理优秀监理企业。

二是为提高工程监理行业整体素质，激发监理企业的创新活力，培养监理从业者的诚信敬业精神，协会组织开展了 2013～2014 年度表扬先进活动。三是在地方和行业协会对参建鲁班奖、詹天佑奖工程项目的监理企业和总监理工程师推荐的基础上，协会组织完成了对各年度参建中国建设工程鲁班奖（国家优质工程）工程项目、中国土木工程詹天佑奖工程项目的监理企业和总监理工程师的审核和通报工作。

（五）加强国际及港澳交流与合作

协会重视与国际及港澳同行业组织的业务联系和交流，引导企业抓住"一带一路"尤其是粤港澳大湾区建设机遇，主动参与国际市场竞争，提升企业的国际竞争力。一是，组织学习调研国外专业人士从业管理经验，拓宽发展思路。经住房和城乡建设部计划财务与外事司批准，2013 年 10 月，协会组织代表团赴瑞典和丹麦进行调研，先后访问了瑞典咨询工程师与建筑师协会和丹麦咨询工程师协会及有关企业和研究机构，分别就咨询工程师业务范围、企业资质和个人执业资格、行业协会作用等进行了深入、广泛的交流和探讨。代表团在协会战略目标制定、提供专业服务、企业发展等方面获益良多。二是，加强横向沟通，注重国际和地区间经验交流。为给企业走出去创造良好条件，协会与商务部援外司就对外援助成套项目实施工程质量保险等有关事宜进行沟通交流。协会分别与英国皇家特许测量师学会（RICS）、法国必维集团等单位就有关合作事宜进行磋商。三是，2017 年 11 月，为加强内地注册监理工程师与香港建筑测量师的沟通交流，协会召开内地注册监理工程师与香港建筑测量师互认十周年回顾与展望暨监理行业的改革与发展交流活动，交流双方互认感受和体会，展示内地行业改革与发展成就。在近年召开的行业交流大会上，积极邀请香港、台湾等地业内专家、学者参会，扩大行业影响。

三、强化内部机制建设，提升协会服务水平

（一）不断加强协会党建工作

经住房和城乡建设部社团一党委和中央和国家机关行业协会商会第一联合党委批准，协会党支部于 2013 年 7 月完成党支部换届工作。党支部是协会工作的战斗堡垒，是带领秘书处完成各项任务，保障协会健康发展的重要支柱。坚持集体领导与个人分工负责相结合、重大事项请示报告、民主集中制、党员民主评议、党员联系群众、争先创优、每周五集中学习等做法，不断推进党建工作高质量发展。第五届理事会期间，根据中央第六巡视组巡视住房城乡建设部期间提出的要求，协会党支部开展"自纠自查"，建立了《党支部民主生活会制度》《党支部党费管理办法》，制订完善《中国建设监理协会公务接待管理办法》等内部管理规定，促进党员干部和秘书处全体工作人员廉洁自律。协会党支部召开了党员领导干部专题民主生活会和党员干部民主生活会，加强调研，改变工作作风，提升工作质量，更好地服务于工程监理行业、企业和执业人员。努力推进党建工

作与业务工作深度融合，把学习贯彻党的会议精神与行业发展结合起来，稳中求进、守正创新，以问题为导向，党建工作和业务工作齐抓共管，建立以党建工作高质量发展带动业务工作高质量发展的良好循环，为协会和行业高质量发展提供坚强的政治保障和组织保障。

（二）强化秘书处自身建设

秘书处是理事会常设办事机构，建设服务高效、便捷的工作机构，是履行协会职能、发挥协会作用的可靠保证。第五届理事会期间，秘书处先后招聘了10余名新员工，进一步增强协会为会员服务的能力；共计召开5次理事会，10次常务理事会，在制定协会工作计划、审议协会重大事项、开展协会组织建设、加强协会内部管理等方面发挥了重要作用。协会不定期召开会长办公会议研究协会重要工作，并提交常务理事会或理事会审议。

在完善组织机构建设方面，2015年3月，协会在深圳召开了"中国建设监理协会专家委员会成立大会"，表决通过了专家委员会领导机构和组成人员及机构设置。专家委员会下设理论研究与技术进步、行业自律与法律咨询、教育与考试三个专家组。专家委员会的成立为行业发展研究注入了新的活力，极大地推进了行业发展课题研究工作。

在规范分支机构管理方面，按照民政部、住房和城乡建设部对分支机构进行统一管理的要求，协会分支机构已实现了业务管理、财务管理的统一化。2013年6月印发《中国建设监理协会分支机构管理办法（暂行）》，规范协会分支机构的管理，充分发挥各分支机构配合协会履行提供服务、反映诉求、规范行为的职能。2013年至今，秘书处完成了民政部组织的对社团分支机构专项审计工作，并组织5个分支机构进行经济活动自查，使分支机构的管理工作更加规范有序。定期组织召开分支机构工作会议，对各分支机构上年度工作总结和新年度工作计划及费用预算等提出相关要求，规范了对分支机构的管理。指导石油天然气分会、船舶分会和机械分会三个分支机构完成了换届工作。支持各分会在市场调研、课题研究、业务培训、经验交流等方面积极开展工作，保障了分支机构作用的有效发挥。

在建立健全管理制度方面，2013年，协会完成民政部组织的全国性社会组织评估工作后，按照住房城乡建设部有关政策要求，补充和完善协会内部管理规章制度，制定了《中国建设监理协会管理规定汇编（暂行）》，进一步细化会员和分支机构管理、人事、薪酬、合同、印章证书、文件、档案管理等方面的管理办法，完善秘书处会议、财务、新闻发言人等方面的管理制度。严格执行财政部《会计法》和《民间非营利组织会计制度》等有关法律法规、规定和办法，建立会计核算标准规范，实现会计核算标准化管理，加强财务内部控制，较好地完成会员和上级主管单位委托和交办的各项任务。同时，与律师事务所签订服务协议，保证了秘书处各项活动依法合规。

百舸争流，奋楫争先
（2018 年 1 月至今）

　　随着国家经济发展进入新常态、新型城镇化建设、加强供给侧结构性改革、资源环境约束趋紧、人口红利逐渐消退，建筑业粗放式发展难以为继，提质增效、转型升级的需求十分迫切。监理行业正处于一个前所未有的变革时期。面对百年未有之大变局，协会在行业内不断凝聚共识，号召广大监理企业要以"树正气、补短板、强基础、扩规模"为突破口，改革创新，转型升级，真正成为"工程卫士、建设管家"。

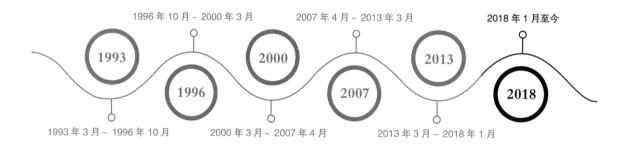

第六届理事会领导班子

（2018年1月至今）

会长	王早生
副会长	王学军　李　伟　夏　冰　陈　贵　孙　成　商　科　雷开贵　陈东平　李明安　尤　京　麻京生　李明华　郑立鑫　王　岩　付　静　周金辉
秘书长	王学军（兼）
副秘书长	温　健　吴　江　王　月

中国建设监理协会第六届理事会诞生于工程监理制度建立30年之际。在第六届理事会会长王早生的领导下，协会在行业内不断凝聚共识，提出监理要不忘初心、牢记使命，采取"树正气、补短板、强基础、扩规模"的措施苦练内功，当好"工程卫士、建设管家"。同时，协会在党建引领协会建设、创新会员服务模式、诚信自律建设、理论研究和标准化建设等方面取得了突破性进展。截至2023年10月31日，第六届理事会共发展个人会员60163人，单位会员735家。清退个人会员6680人，单位会员234家。协会共有单位会员1611家（含64家团体类单位会员）、个人会员150471人。

一、强化党建引领，筑牢红色堡垒

经住房和城乡建设部社团一党委和中央和国家机关行业协会商会第一联合党委批准，协会党支部分别于2018年1月和2022年6月完成党支部换届工作。

协会党支部始终坚持党对一切工作的领导，坚持对党绝对忠诚。坚持推进党风廉政建设和反腐败斗争，全面从严治党和作风建设永远在路上。第六届理事会期间，协会党支部积极发挥政治引领、思想引领和组织保障作用，引导全体党员干部和职工深刻领悟"两个确立"的决定性意义，增强"四个意识"、坚定"四个自信"、做到"两个维护"。通过开展思想政治学习活动、制定《中国建设监理协会党支部工作制度》、党建工作与协会日常业务工作深度融合等方式扎实推进党的建设取得实效，不断推进党建工作高质量发展。

二、发挥桥梁纽带作用，当好参谋助手

（一）落实住房城乡建设部质量安全提升行动

按照国务院及行业主管部门提升工程质量安全相关文件精神，协会引导监理企业严格落实监理法定职责，认真执行总监六项规定，做好向政府主管部门报告质量监理情况的试点工作，充分发挥监理单位在工程质量控制中的作用，提升工程建设质量安全水平。

（二）开展专项研讨和调研，积极建言献策

一是组织行业专家对《关于征求工程监理企业资质管理规定（修订征求意见稿）和工程监理企业资质标准（征求意见稿）意见的函》《开展政府购买监理巡查服务试点方案（征求意见稿）》等十余份征求意见稿进行专项研讨，形成建议后报住房和城乡建设部，为修改有关监理活动的法律、法规，政策提出理论依据和建议；二是开展整顿监理秩序、工程监理企业参与质量安全巡查等多项专题调研，组织行业专家起草并向政府主管部门报送《关于监理工程师职业资格制度的建议》《关于房建工程监理主要问题及工作建议的报告》《关于提升工程质量发挥行业协会作用的建议》等建议，为行业发展出谋划策。三是组织专家对《工程监理服务政府采购需求标准（征求意见稿）》进行研讨，并将意见建议报住房和城乡建设部市场司监理处。

（三）积极配合业务指导部门工作

一是，根据《关于质量标委会开展2023年度工程建设标准复审工作的通知》（建标质委〔2023〕0011号），协会组织了《建设工程监理规范》复审工作。经专家复审，《建设工程监理规范》GB/T50319-2013部分内容需要修订。建议根据现行法律法规，结合行业特点补充新的要求，调整不适用、不完善的条款。2023年7月6日，《建设工程监理规范》修订启动会在青岛召开，讨论了《建设工程监理规范》拟修订内容，并做了详细分工和下一步工作安排。二是，积极配合做好《注册监理工程师管理规定》的修订工作。参加住房城乡建设部市场司监理处召开的《注册监理工程师管理规定》修订研讨会，并在杭州、西安分别组织筹办两个片区的《注册监理工程师管理规定》修订研讨会，集思广益，收集整理研讨会的意见建议上报监理处。三是，根据住房和城乡建设部执业资格注册中心对《中华人民共和国职业分类大典（2022年版）》住房建设分册编制要求，组织专家研究监理职责定位，提出意见建议。

（四）完成政府部门委托的监理工程师考试有关工作

受住房和城乡建设部委托，2018年至2023年共组织专家圆满完成七次监理工程师考试（含补考）的相关工作，总计报考人数超150万人，34万余人通过考试。2020年组织完成全国监理工程师职业资格考试报考条件的梳理工作，提出《全国监理工程师职业资格考试报考专业目录对照表》，报人力资源和社会保障部人事考试中心。2021年组织修订了全国监理工程师职业资格考试基础科目及土木建筑工程专业科目大纲。

三、提升服务会员质量，创新服务会员模式

协会始终认真践行服务宗旨，不断谋划服务工作、创新服务模式、改进服务方法、提升服务水平，扎实做好各项服务工作，成效显著。

（一）做好会员发展与管理工作

协会始终把发展会员、服务会员作为重点工作来抓，努力提升会员的满意度。2021年，协会修订了《中国建设监理协会会员管理办法》，公布协会会员服务清单。启用"中国建设监理协会会员系统"，原"中国建设监理协会个人会员系统"并入"中国建设监理协会会员系统"，实现了会员从申请入会到日常管理的网络化信息化，会员入会、信息变更、会费缴纳、会费票据生成、电子证书及会员信用自评估、鲁班奖及詹天佑奖通报工作实现网上填报，提高了会员服务信息化水平和服务效率。

（二）开展会员业务辅导，提升会员业务水平

为更好地提升会员履职能力，促进业务辅导活动工作健康发展，协会先后印发了《中国建设监理协会分片区业务培训管理办法》《中国建设监理协会会员业务辅导活动管理办法》，对培训对象、内容、师资要求、资金保障、培训成果运用做出了明确规定，并组织开展了多次免费业务辅导活动。2019年、2020年协会分别在山东济南市、四川成都市、山西太原市、浙江杭州市、贵州贵阳市举办了五期"监理行业转型升级创新发展业务辅导活动"，共有1500余名个人会员参加。2021年，协会在重庆市、山东泰安市举办了两场个人会员业务辅导活动，共有410余名个人会员参加。2023年，协会举办了电力片区、东北片区、中南片区、华北片区、西南片区和江苏省、山东省等10场个人会员业务辅导活动，累计2000余名个人会员参加了现场辅导活动，近20万人在线收看。同时，协会不断充实会员网络学习课件库，为会员提供免费网络业务学习内容。

2019年、2020年、2023年，协会与住房和城乡建设部干部学院共同举办了三期大型工程建设监理企业总工程师培训班，共计720余人参加。

为推动我国工程监理行业综合能力提升，全面提高工程监理从业人员技术能力和职业素养，培养新型建造和工程管理模式下的全方位服务人才，协会组织编写了监理人员学习丛书，其中《全过程工程咨询服务》《建筑施工安全生产管理监理工作》《施工阶段项目管理实务》已出版发行。

（三）开展行业热点交流，引领行业创新发展

贯彻中央经济工作会议和全国住房城乡建设工作会议精神，推进行业供给侧结构性改革和监理服务方式变革。协会通过宣讲活动引导企业适应监理咨询服务市场化，建设组织模式变革和建造方式变化。按照《住房城乡建设部关于促进工程监理行业转型升级创新发展的意见》（建市〔2017〕145号），协会通过课题研究和经验交流，推动工程监理行业创新发展，组织提高监理企业专业化和全过程工程咨询服务能力及水平。

2022年11月26日，协会组织召开中国－东盟工程监理创新发展论坛。论坛围绕数字监

理、创新转型升级、全过程工程咨询等内容，总结了内地、港澳、东盟部分典型工程的实践经验，分析中国与东盟工程监理行业现状，预判行业未来发展趋势，加强了中国与东盟国家建筑企业之间的深入交流。

六届理事会期间，恰逢监理制度设立 30 周年，协会组织召开了工程监理行业创新发展 30 周年经验交流会，回顾总结了监理行业发展的历程和经验，探讨行业发展的方向、面临的机遇与挑战，推动监理行业健康发展。

结合行业关心的重点难点热点问题，围绕企业管理、信息化应用、智慧监理、诚信建设、质量安全风险防控、创新转型升级、全过程工程咨询、政府购买服务、改革发展等内容，协会组织召开了十余场经验交流会和三届女企业家座谈会，增进了行业间的交流。部分会议采用现场与线上直播相结合的方式，扩大了交流的覆盖面。

（四）多渠道开展行业宣传，弘扬监理行业正能量

宣传工作既是创造良好环境的必要手段，又是塑造外部形象的主要渠道，也是培育协会文化与品牌的重要方式，更是协会建设发展的重要组成部分。协会始终坚持以行业发展和需求为导向，注重发挥各种媒体，特别是网络的宣传作用，通过"一刊一网双号"立体化、全方位的综合宣传阵地，以及《中国建设报》《建筑》等建设领域主流媒体，宣传工程监理的重要作用及取得的显著成就。

一是，办好《中国建设监理与咨询》刊物。《中国建设监理与咨询》始终坚持服务监理行业、服务会员单位的办刊方向，积极宣传监理行业政策、法规，推广行业新技术、新手段，报道企业创新发展经验，适应行业的实际和客观需要，及时传递行业动态。六届理事会以来，共出版发行 34 期刊物，累计刊登各类稿件 1100 余篇，累计征订数量 23000 余册。

二是，开展系列征文活动。为宣传监理行业对促进建筑行业健康发展和提高工程质量水平所作的巨大贡献，总结推广各地区及有关行业监理企业在加强工程质量安全管理及企业转型升级发展的成功经验，展示重大项目的建设成果和管理特色，协会组织开展了系列征文活动，并将部分具有引导和借鉴作用的文章刊登在《中国建设监理与咨询》上，供监理人员互相借鉴学习。2019 年，协会开展"庆祝新中国成立七十周年主题征文"活动，共收到征文 353 篇。2021 年，协会开展"监理行业创新发展经验交流征文"活动，共收到征文 550 篇。2023 年，协会开展"协会成立 30 周年暨工程监理制度建立 35 周年"主题征文活动，共收到征文 370 篇。

三是，发挥好新媒体的宣传作用。利用协会网站、中国建设监理协会微信公众号及中国建设监理与咨询微信公众号实时发布行业有关制度、法规及相关政策，宣传报道协会和地方协会开展的活动，充分发挥行业宣传工作对内凝聚人心、对外树立形象的特殊作用。2020 年伊始，一场突如其来的新冠疫情肆虐中华大地，中国人民开始了一场惊心动魄的抗疫大战。协会对各

省监理企业抗疫活动进行了重点报道，突出了监理企业的担当和奉献精神。在《中国建设报》连续四次整版刊登"监理人大疫面前有担当"系列报道，介绍了监理企业日夜奋战抗疫医院建设第一线、监理人员大爱无疆积极捐款捐物的先进事迹，彰显了监理人的形象，展现了监理企业勇于担当的风采，传递出监理行业正能量。

四是，在地方和行业协会对参建鲁班奖、詹天佑奖工程项目的监理企业和总监理工程师推荐的基础上，协会组织完成了对各年度参建中国建设工程鲁班奖（国家优质工程）工程项目、中国土木工程詹天佑奖工程项目的监理企业和总监理工程师的通报工作，弘扬监理精益求精的精神。

（五）加强国际及港澳交流与合作，拓宽行业视野

协会重视与国际及港澳同行业组织的业务联系和交流，引导企业抓住"一带一路"尤其是粤港澳大湾区建设机遇，主动参与国际市场竞争，提升企业的国际竞争力。协会分别与英国皇家特许测量师学会（RICS）、法国必维集团等单位就有关合作事宜进行磋商。2019年，协会组团赴俄罗斯调研俄罗斯工程项目管理实施状况及中方监理企业参与海外工程建设的情况与模式，与俄罗斯全国建筑工程咨询工程师协会进行了交流。2021年11月25日，协会秘书处与澳门工程师学会签署了建立联系沟通机制备忘录。2022年11月25日，协会组织召开了内地与港澳地区同行业监理协会（学会）座谈会，广泛交流内地与港澳地区监理同业有关情况。2023年10月8日，协会与澳门工程师学会签署了合作备忘录。

四、加强诚信建设，推进行业自律

按照《住房城乡建设部关于印发建筑市场信用管理暂行办法的通知》（建市〔2017〕241号），协会引导会员单位积极参加政府部门开展的信用评价活动，健全行业自律机制，营造公平竞争的市场环境。建立"会员信用信息管理平台"，积极推进行业诚信体系建设，鼓励和支持地方协会建立个人会员制度。为规范会员信用管理，促进会员诚信经营、诚信执业，协会印发《中国建设监理协会会员信用管理办法》《中国建设监理协会会员信用管理办法实施意见》《中国建设监理协会会员信用评估标准（试行）》《中国建设监理协会会员自律公约》《中国建设监理协会单位会员诚信守则》和《中国建设监理协会个人会员职业道德行为准则》，在会员范围内开展"推进诚信建设，维护市场秩序，提升服务质量"活动，鼓励单位会员开展信用自评估工作。自2020年开展单位会员信用自评估活动以来，参与率达80%。2023年协会公布了第一批单位会员信用自评估结果，共有1031家会员单位参加了信用自评估活动，其中AAA企业831家，AA企业187家，A企业13家。

针对近几年监理行业出现的违法违规现象，协会收集了具有代表性的案例，组织编写了

《建设监理警示录》，引导企业加强法治意识，督促监理人员认真履行职责，杜绝或减少违法违规现象。

五、加强行业理论研究，推动行业标准化建设

（一）加强行业理论研究，筑牢发展基石

协会历来重视理论研究工作，将理论研究视作行业科学发展的基石。一是强化理论研究队伍建设。2018年3月，协会召开了第二届专家委员会会议，修订了《中国建设监理协会专家委员会管理办法》，选举产生了新一届专家委员会领导机构。专家委员会现有委员116位，构成了监理行业发展研究的"智库"。二是深入开展课题研究，提高决策水平。协会主动顺应新形势新发展，围绕国家政策和行业发展面临的重点难点问题，有针对性地开展了一系列课题研究。五年来协会共开展了《监理行业标准编制导则》《深化改革完善工程监理制度》《中国建设监理协会会员信用评估标准》《工程监理行业发展研究》等27个课题研究，发布了《中国工程监理行业发展报告》，为行业持续健康发展提供具备前瞻性的政策储备和理论支撑。

（二）规范行业服务行为，推动行业标准化建设

协会以推进工程质量管理标准化，提高工程项目管理水平为目标，积极开展标准化课题研究，推进行业团体标准建设，完善行业标准体系建设，促进工程监理工作的量化考核和监管，规范工程监理工作。协会印发《建设工程监理工作标准体系》，为推进工程监理工作标准化，促进工程监理行业持续健康发展提供了参考。2019年协会与中国工程建设标准化协会签署《工程建设团体标准战略合作协议》，旨在进一步推动行业标准化发展。

第六届理事会任职期间，协会共发布（含试行）《建设工程监理工作评价标准》T/CAEC01-2020，T/CECS 723-2020、《装配式建筑工程监理管理规程》T/CAEC002-2021，T/CESC810-2021、《化工建设工程监理规程》T/CAEC003-2021、《建筑工程项目监理机构人员配置导则》T/CAEC004-2023，T/CECS 1268-2023等17项团体标准。

六、加强协会自身建设，夯实发展根基

（一）以等级评估促进协会规范发展

为促进协会自身规范性建设，增强协会服务能力，提高协会的社会公信力，2020年，根据《社会组织评估管理办法》，协会参加了民政部组织的社会组织评估工作，获评为4A级全国性社会组织。

根据评估中的相关要求，协会进一步制定并实施了一系列管理制度，不断完善协会治理体系，努力提升协会服务水平，进一步细化会员和分支机构管理、人事、薪酬、合同、印章证书

等方面的管理办法，完善秘书处会议、财务、新闻发言人等方面的管理制度，夯实协会的工作基础，确保协会健康有序发展。

第六届理事会成立以来，至今共召开 7 次理事会，18 次常务理事会，在制定协会工作计划、审议协会重大事项、开展协会组织建设、加强协会内部管理等方面发挥了重要作用。协会不定期召开会长办公会议研究协会重要工作，并提交常务理事会或理事会审议。

（二）完成脱钩改革工作

2020 年，根据《民政部关于核准中国勘察设计协会等 12 家行业协会脱钩实施方案的函》（民便函〔2020〕4 号）要求，协会完成脱钩工作，理顺了协会党建工作管理体系，促进了协会规范有序发展，对于更好地发挥协会战斗堡垒和政治核心作用，具有重要意义。

（三）提升协会服务能力

为进一步推进协会健康发展，根据《中华人民共和国国民经济和社会发展第十四个五年规划和 2035 年远景目标纲要》《"十四五"民政事业发展规划》及相关法规政策，协会编制了《中国建设监理协会"十四五"规划》，明确发展目标、重点任务和工作思路。

为贯彻落实《民政部办公厅关于开展全国性行业协会商会服务高质量发展专项行动的通知》要求，充分发挥协会联系政府、企业、市场的桥梁纽带作用，引领监理行业凝聚共识、改革创新和高质量发展，结合行业实际，协会制定了《中国建设监理协会服务高质量发展专项行动实施方案》。

（四）申请设立奖项，激发行业活力

为推动工程监理行业科学技术进步，助力建筑业高质量发展，促进经济社会全面协调发展，根据《社会力量设立科学技术奖管理办法》要求，协会撰写《中国建设监理协会科技进步奖设奖报告》《中国建设监理协会科技进步奖评选办法》，并于 8 月报送科技部奖励办，申请设立中国建设监理协会科技进步奖。另一方面，根据国评办《社会组织评比达标表彰活动管理办法》要求，协会递交了《中国建设监理协会关于新设评比达标表彰项目的申请》，争取为协会新设评比达标表彰项目。

（五）完善工会组织建设

2021 年 12 月 10 日，经中央和国家机关行业协会商会工会联合会常委会批准，中国建设监理协会召开工会成立暨第一次全体会员大会，王月当选为工会主席。工会的成立标志着协会党支部工作有了更有力的支撑力量、标志着协会员工有了更强烈的归属感。协会工会积极举办活动，组织开展团队建设活动，提高秘书处的凝聚力。

（六）积极履行社会责任，彰显行业担当

一是，开展精准扶贫工作。坚决打赢脱贫攻坚战是党的十九大作出的重大战略部署，协会按照住房和城乡建设部关于扶贫工作的总体部署，积极开展精准扶贫工作，先后向青海省湟中县、大通回族土族自治县捐赠助学款 6 万元；向湖北省红安县慈善会捐赠 6 万元帮扶资金，用于村集体产业扶持。

二是，助力企业抗击新冠疫情和复工复产。为贯彻习近平总书记在统筹推进新冠疫情防控和经济社会发展工作部署会议上的重要讲话精神，落实党中央国务院决策部署，科学防控疫情积极推动监理企业有序复工复产，保障从业人员生命安全和身体健康，协会 2020 年印发《关于做好监理企业复工复产疫情防控工作的通知》，2022 年发布《工程监理企业复工复产疫情防控操作指南》。根据国家发展改革委办公厅和民政部办公厅《关于积极发挥行业协会商会作用支持民营中小企业复工复产的通知》（发改办体改〔2020〕175 号）要求，经协会常务理事会审议通过，免收 2020 年度湖北省 26 家单位会员和 8 家协会分会单位会员会费共计 9.8 万元。落实《民政部办公厅关于充分发挥行业协会商会作用 为全国稳住经济大盘积极贡献力量的通知》（民办函〔2022〕38 号）要求，协会印发了《中国建设监理协会关于推动监理行业稳步发展的通知》，并以实际行动助力监理行业稳增长稳市场保就业，缓解中小监理企业因疫情影响带来的经营压力，免收 2022 年度乙级、丙级资质单位会员会费。

赓续奋斗　书写华章

光阴荏苒，日月如梭。经历了三十年栉风沐雨，不辍耕耘，中国建设监理协会迎来了而立之年。三十载，沧海桑田，历史见证了协会从无到有，不断发展壮大，为监理事业健康可持续发展发挥着举足轻重的作用；三十载，弹指之间，协会已经发展成为独立自主、依法自治的现代社会组织。

长风破浪会有时，直挂云帆济沧海。协会将继续坚持以习近平新时代中国特色社会主义思想为指导，深入贯彻落实党的二十大精神，坚持党的全面领导，增强"四个意识"、坚定"四个自信"、做到"两个维护"，抓实自身建设，充分发挥服务政府、服务社会、服务群众、服务行业的作用，致力于成为工程建设领域最具公信力、影响力和活力的一流行业组织。

征程万里风正劲，奋楫扬帆启新程。七届理事会即将产生，协会将继续秉承创新开拓精神，深化改革，立足服务为本，深耕理论研究，强化诚信建设和标准化建设，积极推进监理实现数智化，以踔厉奋发的姿态，在实干中激活创新力，引领行业做好工程卫士和建设管家，走高质量可持续发展之路。

中国建设监理事业特殊贡献奖 . 中国工程监理大师

2008.12 北京

2008 年 12 月 中国建设监理事业特殊贡献奖、中国工程监理大师合影

中国建设监理创新发展 20 年工程监理先进企业

2008.12 北京

2008 年 12 月 中国建设监理创新发展 20 年工程监理先进企业合影

中国建设监理创新发展20年优秀总监理工程师

2008.12 北京

2008 年 12 月　中国建设监理创新发展 20 年优秀总监理工程师合影

中国建设监理创新发展20年优秀监理工程师

2008.12 北京

2008 年 12 月　中国建设监理创新发展 20 年优秀监理工程师合影

中国优秀建设监理协会工作者

2008.12 北京

2008 年 12 月　中国优秀建设监理协会工作者合影

抗震救灾先进企业．抗震救灾先进个人

2008.12 北京

2008 年 12 月　抗震救灾先进企业、抗震救灾先进个人合影

香港建筑测量师资格证书颁证仪式合影

2008.1.23 北京

2008 年 1 月　内地监理工程师与香港建筑测量师资格互认颁证仪式在北京举行

共创鲁班奖获奖工程监理单位合影

2008.1.23 北京

2008 年 1 月　共创鲁班奖获奖工程监理单位合影

共创鲁班奖获奖工程总监理工程师表彰大会合影

2008.1.23 北京

2008 年 1 月　共创鲁班奖获奖工程总监理工程师表彰大会合影

创建学习型监理组织活动及共创鲁班奖工程动员表彰大会合影

2009 年 4 月　创建学习型监理组织活动及共创鲁班奖工程动员表彰大会在广州召开

2014 年 1 月　纪念中国建设监理协会成立 20 周年大会在上海召开

2017 年 11 月 10 日　内地注册监理工程师和香港建筑测量师互认十周年回顾与展望暨监理行业改革与发展交流会在广州举行

2018 年 10 月 30 日　工程监理行业创新发展 30 周年经验交流会在北京召开

2019 年 6 月 5 日　协会与中国工程建设标准化协会在北京举行工程建设团体标准战略合作协议签署仪式

2019 年 7 月 16 日　协会与中国建筑工业出版社在北京举行战略合作协议签署仪式

2022 年 11 月 26 日　中国 – 东盟工程监理创新发展论坛在南宁举办

2023 年 10 月 8 日　协会与澳门工程师学会在北京签署了合作备忘录

会员代表大会和理事会议

1993 年 7 月 27 日　中国建设监理协会成立大会在北京召开

2005 年 7 月 9 日　中国建设监理协会第三届三次常务理事会及秘书长会议在北京召开

2011 年 1 月 11 日　中国建设监理协会第四届四次理事会在海口召开

中国建设监理协会第五届会员代表大会合影

2013 年 3 月 27 日　中国建设监理协会第五届会员代表大会在北京召开

2018 年 1 月 24 日　中国建设监理协会第六届会员代表大会暨六届一次理事会在北京召开

2007 年 11 月 27 日　首届中国建设监理峰会在上海召开

峰会主题：监理企业发展之路

2008 年 12 月 13 日　第二届中国建设监理峰会在北京召开

峰会主题：工程监理创新发展二十年的经验和成就

2009 年 12 月 15 日　全国监理行业共创鲁班奖工程表彰大会暨第三届中国建设监理峰会在南宁召开

峰会主题：学习型监理组织试点经验

2010 年 12 月 15 日　第四届中国建设监理峰会在成都召开

峰会主题：工程监理与项目管理一体化服务试点经验

2008 年 10 月 20 日　四川省震后重建监理工作研讨会在四川召开

2010 年 7 月 7 日　全国"监理对施工安全监管"理论研讨会在南京召开

2012 年 3 月 21 日　建设监理技术研讨会在郑州召开

2023 年 10 月 27 日　《建设工程监理规范》修订阶段成果研讨会在上海召开

2013 年 12 月 18 日　建设监理企业战略
发展经验交流会在深圳召开

2014 年 11 月 24 日　贯彻落实"工程质量治理两年行动方案"暨建设监理企业创新发展经验交流会在杭州召开

2015 年 7 月 15 日　建设工程项目管理经验交流会在
长春召开

2016 年 11 月 23 日　应对工程监理服务价格市场化交流会在南昌召开

2017 年 7 月 26 日　全国建设工程监理企业信息技术应用经验交流会在西安召开

2018 年 7 月 3 日　全过程工程咨询与项目管理经验交流会在贵阳召开

2019 年 5 月 29 日　监理企业开展全过程工程咨询创新发展交流活动在合肥召开

2019 年 11 月 22 日　工程监理与工程咨询经验交流会在南宁召开

2020 年 7 月 21 日　监理企业信息化管理和智慧化服务现场经验交流会在西安召开

2020 年 12 月 16 日　监理企业诚信建设和标准化服务经验交流会在郑州召开

2021 年 6 月 22 日　项目监理机构经验交流会在成都召开

2022 年 8 月 23 日　监理企业诚信建设与质量安全风险防控经验交流会在合肥召开

2023 年 7 月　监理企业改革发展经验交流会在兰州召开

2005 年 9 月　协会三届理事会会长谭克文在昆明调研云南监理行业发展情况

2007 年 5 月　协会四届理事会会长张青林在武汉调研监理企业发展情况

2014 年 11 月　协会五届理事会会长郭允冲在广东调研

2021 年 11 月 5 日　协会六届理事会会长王早生在上海调研监理企业开展全过程工程咨询服务情况

2018 年 5 月　协会六届理事会副会长兼秘书长王学军在昆明调研云南监理企业转型升级与创新发展情况

2018 年 8 月　协会六届理事会会长王早生在内蒙古调研监理企业信息化建设情况

2019 年 10 月 25 日　协会六届理事会会长王早生应邀出席丁士昭教授工程管理与建设监理思想研讨会

2020 年 10 月　协会六届理事会会长王早生在江苏调研江苏省建设监理行业转型发展情况

2021 年 6 月　协会六届理事会副会长兼秘书长王学军在郑州调研监理企业信息化建设情况

2021 年 7 月　协会六届理事会会长王早生在杭州调研监理企业转型发展情况

2022 年 8 月　协会六届理事会会长王早生在合肥调研监理企业信息化建设情况

2023 年 5 月　协会六届理事会会长王早生在广东调研监理企业数字化转型升级情况

2023 年 6 月 27 日　协会六届理事会副会长兼秘书长王学军、副会长李明安在重庆调研

2012 年 7 月 21 日　上海

2012 年 6 月 7 日　北京

2012 年 7 月 19 日　成都

2012 年 6 月～7 月　协会分别在北京成都上海召开工程监理行业调研工作座谈会

2017 年 9 月 22 日　协会在上海召开全过程工程咨询试点工作座谈会

2019 年 3 月 29 日　协会在福州召开福建省建设工程监理行业发展情况调研座谈会

2019 年 3 月 20 日　协会在长沙召开全过程工程咨询调研座谈会

2019 年 6 月 14 日　协会在北京组织召开工程监理改革试点工作座谈会

2021 年 4 月 22 日 "巾帼不让须眉 创新发展争先"女企业家座谈会在南昌召开

2022 年 8 月 25 日 "巾帼建新功 共展新风貌"第二届女企业家座谈会在合肥召开

2023 年 11 月 17 日 "巾帼聚智，共谋发展"第三届女企业家座谈会在哈尔滨召开

行业培训

1998 年　协会举办全国建设监理单位负责人研讨班

2010 年 5 月 27 日　全国地铁工程监理人员质量安全培训班在郑州召开

2012 年 5 月 11 日　协会在北京举办《建设工程监理合同（示范文本）》师资培训班

2017 年 11 月　华中片区

2018 年 5 月　西南片区

2018 年 7 月　东北片区

2018 年 11 月　华北片区

2017 年～ 2018 年　协会分别在长沙（华中片区）、西安（西南片区）、哈尔滨（东北片区）、石家庄（华北片区）举办监理行业转型升级创新发展活动

2019 年 3 月 15 日　济南

2019 年 5 月 22 日　成都

2019 年 9 月 7 日　太原

2019 年 9 月 24 日　杭州

2019 年　协会分别在济南市、成都市、太原市、杭州市举办了四次监理行业转型升级创新发展业务辅导活动

2020 年 11 月 18 日～ 20 日　2020 年"十三五"万名总师（大型工程建设监理企业总工程师）
培训班在南昌举办

2020 年 12 月　监理行业转型升级创新发展业务辅导活动在贵阳
举办

2021 年 6 月 10 日　西南片区个人会员业务辅导活动在重庆举办

2021 年 10 月 19 日　苏鲁辽吉片区个人会员业务辅导活动在泰安举办

2023 年 6 月 26 日　江苏省片区个人会员业务辅导活动在南京举办

2023 年 7 月 12 日　东北片区个人会员业务辅导活动在长春举办

2023 年 7 月 17 日　中南片区个人会员业务辅导活动在郑州举办

2023 年 9 月 25 日至 27 日　2023 年大型工程建设监理企业总工程师培训班在济南举办

2023 年 10 月 11 日　中国建设监理协会华北片区个人会员业务辅导活动在石家庄召开

组织编写注册监理工程师继续教育培训教材

建设工程监理规范应用指南

地铁工程监理人员质量安全
培训教材

建设工程监理合同（示范文
本）应用指南

监理工程师执业资格培训教
材（香港建筑测量师专用）

组织编写监理人员学习丛书

组织编写监理工程师学习丛书

行业标准化建设

建设工程监理规范

化工建设工程监理规程　　　　装配式建筑工程监理规程　　　　建筑工程项目监理机构人员配置导则

建设工程监理工作评价标准

建设监理工作试行标准

已发布团体标准（含试行）

序号	发布时间	标准名称	发布单位	实施时间
1	2020 年 3 月	工程监理资料管理标准（房屋建筑工程部分）	中国建设监理协会	试行
2	2020 年 3 月	监理工器具配置标准	中国建设监理协会	试行
3	2020 年 3 月	房屋建筑工程监理工作标准	中国建设监理协会	试行
4	2020 年 7 月	建设工程监理工作评价标准	中国建设监理协会 T/CAEC 01-2020 中国工程建设标准化协会 T/CECS 723-2020	2021 年 1 月 1 日
5	2021 年 1 月	装配式建筑工程监理管理规程	中国建设监理协会 T/CAEC 002-2021 中国工程建设标准化协会 T/CECS 810-2021	2021 年 5 月 1 日
6	2021 年 3 月	城市轨道交通工程监理规程	中国建设监理协会	试行
7	2021 年 3 月	市政工程监理资料管理标准	中国建设监理协会	试行
8	2021 年 3 月	城市道路工程监理工作标准	中国建设监理协会	试行
9	2021 年 3 月	市政基础设施项目监理机构人员配置标准	中国建设监理协会	试行
10	2021 年 12 月	化工建设工程监理规程	中国建设监理协会 T/CAEC 003-2021	2022 年 1 月 1 日
11	2022 年 2 月	施工阶段项目管理服务标准	中国建设监理协会	试行
12	2022 年 2 月	监理人员职业标准	中国建设监理协会	试行
13	2022 年 10 月	工程监理企业复工复产疫情防控操作指南	中国建设监理协会	2022 年 10 月 9 日
14	2023 年 2 月	建筑工程项目监理机构人员配置导则	中国建设监理协会 T/CAEC 004-2023 中国工程建设标准化协会 T/CECS 1268-2023	2022 年 5 月 1 日
15	2023 年 3 月	工程监理企业发展全过程工程咨询服务指南	中国建设监理协会	试行
16	2023 年 3 月	监理工作信息化导则	中国建设监理协会	试行
17	2023 年 3 月	工程监理职业技能竞赛指南	中国建设监理协会	试行

2018 年 8 月 21 日　《建设工程监理工作标准体系研究》课题验收会在北京召开

2019 年 11 月 26 日　《中国建设监理协会会员信用评估标准》课题验收会在长沙召开

2019 年 12 月 21 日　《房屋建筑工程监理工作标准》课题验收会在海口召开

2020 年 11 月 6 日　《城市轨道交通工程监理规程》课题验收会议在广州召开

2020 年 12 月 3 日　《市政工程监理资料管理标准》课题验收会在宁波召开

2021 年 10 月 18 日　《房屋建筑工程监理工作标准》研究成果转团体标准课题验收会在泰安召开

2021 年 12 月 23 日　《工程监理企业发展全过程工程咨询服务指南》课题验收会在上海召开

2022 年 10 月 25 日　《市政基础设施工程项目监理机构人员配置标准》课题成果转团体标准研究课题验收会在武汉召开

2023 年 2 月 23 日　《工程监理职业技能竞赛指南》验收会在合肥召开

2023 年 5 月 18 日　《施工阶段项目管理服务标准》转团体标准课题研究开题会在上海召开

2023 年 7 月 18 日　《建设工程监理团体标准编制导则》课题修订开题会在郑州召开

2004 年 11 月 16 日　《中国建设监理》通联工作会议在昆明召开

2015 年 4 月 23 日　《中国建设监理与咨询》第一次通联会在苏州召开

2016 年 9 月 21 日　《中国建设监理与咨询》编委会工作会议在西安召开

2018 年 12 月 6 日　《中国建设监理与咨询》编委会工作会议在重庆召开

2020 年 12 月 17 日　《中国建设监理与咨询》编委会工作会议在郑州召开

1993 年～ 2003 年中国建设监理简讯

2003 年～ 2013 年中国建设监理（内刊）

2014 年至今《中国建设监理与咨询》连续出版物

122

2020年　中国建设监理协会在《中国建设报》连续四次整版刊登"监理人大疫面前有担当"系列报道，介绍了监理企业日夜奋战抗疫医院建设第一线、监理人员大爱无疆积极捐款捐物的先进事迹，彰显了监理人的形象，展现了监理企业勇于担当的风采，传递出监理行业正能量

2015 年 3 月 27 日　中国建设监理协会专家委员会成立大会在深圳召开

2018 年 3 月 26 日　中国建设监理协会专家委员会第二次会议在海口召开

2019 年 2 月 27 日　中国建设监理协会专家委员会二届二次会议在南京召开

2010 年 12 月 16 日　全国中国建设监理协会秘书长工作座谈会召开

2015 年 3 月 18 日　全国建设监理协会秘书长工作会议在北京召开

2016 年 3 月 22 日　全国监理协会秘书长工作会议在北京召开

2017 年 3 月 21 日　全国建设监理协会秘书长工作会议在北京召开　　　　2018 年 3 月 22 日　全国建设监理协会秘书长工作会议在北京召开

2019 年 7 月 12 日　全国建设监理协会秘书长工作会议在重庆召开

2021 年 3 月 18 日　全国建设监理协会秘书长工作会议在郑州召开　　　　2023 年 3 月 23 日　全国建设监理协会秘书长工作会议在长沙召开

2019 年 10 月 14 日　中国建设监理协会党支部及工会联合开展"不忘初心 牢记使命"主题教育活动

2021 年 5 月　中国建设监理协会党支部组织参观香山革命纪念馆

2021 年 7 月 28 日　中国建设监理协会党支部组织参观"新时代中央和国家机关党的建设成就巡礼展"

2023 年 3 月 23 日　中国建设监理协会党支部组织党员赴韶山开展"赓续革命传统　传承红色基因"主题党日活动

2023 年 6 月 20 日　中国建设监理协会党支部组织全体党员干部职工前往中国共产党历史展览馆开展"感恩党 听党话 跟党走"主题党日活动

2023 年 11 月 16 日　中央和国家机关行业协会商会第一联合党委领导莅临协会，对协会开展第二批学习贯彻习近平新时代中国特色社会主义思想主题教育工作进行指导，并听取协会党支部书记王早生同志关于《深入开展习近平新时代中国特色社会主义思想教育 加强协会党的建设 切实做好"四个服务"》的党课汇报

1993

1996

2000

2007

2013

2018

2023

辉 煌 成 就

1993—2023

30年来，我国建筑业持续快速发展，一系列世界顶尖水准的地标建筑拔地而起，高速铁路、高速公路等基础设施建设取得辉煌成就，成为我国建筑业发展的靓丽名片。以上海中心大厦为代表的摩天大楼，显示了中国工程的"高度"，以港珠澳大桥为代表的中国桥梁工程代表了中国工程的"精度"和"跨度"，彰显了中国工程"速度"和"密度"，以洋山深水港码头为代表的港口码头工程展现了中国工程的"深度"，以自主研发的三代核电技术"华龙一号"——福清核电站5号机组全球首堆示范工程代表着中国工程的"难度"，以内蒙古乌梁素海流域山水林田湖草沙治理为代表的生态保护修复工程体现了中国工程的"绿色"等。这些发展成就同时也铸就了工程监理的骄人业绩，一代代监理人为我国工程建设项目的质量和安全保驾护航，为共创一大批国家和省部级优质工程添砖加瓦。

上海中心大厦。高 632 米，目前是中国第一高楼、世界第三高楼，始建于 2008 年 11 月 29 日，于 2016 年 3 月 12 日完成建筑总体的施工工作。荣获 BOMA 全球创新大奖（2019）

北京中信大厦。高 528 米，是 8 度抗震设防烈度区的在建的最高建筑

海沧大桥。我国第一座、世界上第二座特大型三跨吊钢箱梁悬索桥

内蒙古少数民族群众文化体育运动中心。2017年内蒙古自治区成立70周年大庆的主会场，获国际项目管理协会IPMA 2018全球项目管理卓越大奖金奖，这是我国项目管理咨询企业获得的首枚世界级别金奖

港珠澳大桥。全长 55 千米，是中国境内一座连接香港、广东珠海和澳门的桥隧工程，是我国公路建设史上实施难度最大的
跨海桥隧项目。港珠澳大桥于 2009 年 12 月 15 日动工建设，2018 年 10 月 24 日开通运营

丹昆特大桥。全长 165 千米，为目前记载的世界第一长桥之一。丹昆特大桥于
2008 年 4 月动工，2011 年 6 月全线正式开通运营

京沪高速铁路。全长 1318 千米，设计的最高速度为 380 千米 / 小时，于 2011 年 6 月 30 日全线正式通车。京沪高铁既是中国首条高铁线路，也是跨度最长、施工难度最大，技术含量极高的高铁线

北盘江大桥。全长 1341 米，高 565 米，是世界第一高桥。北盘江第一桥于 2013 年动工建设，2016 年 12 月 29 日竣工运营

京张高速铁路。全长 174 千米，于 2019 年 12 月正式开通运营，是中国大陆第一条采用中国自主研发的北斗卫星导航系统、设计时速为 350 千米 / 小时的智能化高速铁路，也是世界上第一条最高设计时速 350 公里的高寒、大风沙高速铁路

雅安－西昌高速公路。全长240千米，于2012年4月28日全线通车运营，是我国最大的亚行贷款公路建设项目，被公认是已建成国内外自然环境最恶劣、工程难度最大、科技含量最高的山区高速公路之一，被称作"云端上的高速公路"

500米口径球面射电望远镜（FAST），是中国国家"十一五"重大科技基础设施建设项目。采用了全过程工程咨询模式，开创了"十字形"交叉管理系统和"五维一体"的项目管理方式，实现了节能、绿色、环保等管理体系的有机融合，开启了大科学工程建设管理的新模式

北京大兴国际机场。为 4F 级国际机场、世界级航空枢纽、国家发展新动力源，2019 年 9 月正式通航，是服务京津冀协同发展的全世界规模最大的一体化综合交通枢纽

巴彦淖尔乌梁素海流域生态治理项目。具有构筑祖国北疆"绿色万里长城"的重要战略意义，对乌梁素海流域 1.47 万平方
公里的项目区范围实施全流程、系统化治理，囊括了"山、水、林、田、湖、草、沙"7 大生态要素

国家体育场（鸟巢）。2008 年北京奥运会的主体育场，2022 年北京冬季奥运会开（闭）幕式举办地。2003 年
12 月 24 日开工建设，2008 年 3 月完工

国家跳台滑雪中心，又称"雪如意"。2022 年北京冬奥会跳台滑雪项目竞赛场馆，中国第一个以跳台滑雪为主要用途的体育场馆

1993 —

1996 —

2000 —

2007 —

2013 —

2018 —

2023 —

大 事 记

1993—2023

1988 年

7 月 25 日　建设部印发《关于开展建设监理工作的通知》(〔88〕建建字第 142 号),《通知》就启动建立建设监理制度,开展建设监理工作做出初步安排,明确阐述了在我国建立实施建设监理制度的必要性、建设监理的范围和对象,建设监理的组织机构和工作内容,实施建设监理的步骤,标志着我国建设监理制度开始建立。

8 月 13 日　建设部在北京召开第一次全国建设监理试点工作会议,研究落实《关于开展建设监理工作的通知》要求,商讨监理试点工作的目的、要求,确定监理试点单位的条件等事宜。

10 月 10 日　建设部在上海召开第二次全国建设监理试点工作会议,会议研究拟定了《关于开展建设监理试点工作的若干意见》,明确了建设监理试点工作的指导思想、目的、组织领导、试点监理单位、试点监理工程、监理工作内容,试点范围确定为北京、天津、上海、沈阳、哈尔滨、南京、宁波、深圳 8 市和能源、交通两部。

11 月 12 日　建设部印发《关于开展建设监理试点工作的若干意见》(〔88〕建建字第 366 号)。《若干意见》对七个方面的问题进行了规范和阐述:一是试点的指导思想和目的。二是试点工作的组织领导。三是建设监理单位的建立和管理。四是建设监理业务的取得和监理工作内容。五是试点工程的确定。六是监理收费。七是监理单位与建设单位和承建单位的关系。

1989 年

4 月　建设部建设监理司与上海市建委合作创办了全国公开发行的杂志《建设监理》,委托上海建筑科学研究院具体承办。《建设监理》杂志以传达政策、沟通情况、介绍经验和发表论文为主要内容。

7 月 28 日　建设部发布《建设监理试行规定》(〔89〕建建字第 367 号),提出建设监理包括政府监理和社会监理,确定了建设监理在建设前期阶段、设计阶段、施工招标阶段、施工阶段和保修阶段的主要工作内容。

10 月 23 日～26 日　建设部在上海召开第三次全国建设监理试点工作会议。建设部副部长干志坚作了题为《总结经验 深化改革 进一步开拓建设监理工作》的报告。会议的重要意义在于把建设监理试点工作从八市二部的范围扩大到全国各地区、各部门,从而使建设监理的试点工作进入一个新的更加广泛的阶段。

1990 年

12 月 12 日～14 日　建设部在天津召开第四次全国建设监理工作会议暨京津塘高速公路建

设监理现场会，总结、推广京津塘高速公路建设工程监理经验，推动建设工程监理工作在全国范围的进一步发展。

1991 年

3 月 28 日　为促进我国建设监理试点工作进一步深入开展，建设部和人事部根据即将颁发的监理工程师岗位资格认证标准共同确认了首批 100 名监理工程师的执业资格，标志着我国建设领域首次建立了执业资格制度。

1992 年

1 月 18 日　建设部发布《工程建设监理单位资质管理试行办法》（建设部令第 16 号），自 1992 年 2 月 1 日起施行。《办法》所称工程建设监理，是指监理单位受建设单位的委托对工程建设项目实施阶段进行监督和管理的活动；所称监理单位，是指取得监理资质证书，具有法人资格的监理公司、监理事务所和兼承监理业务的工程设计、科学研究及工程建设咨询的单位。2001 年 8 月 29 日、2007 年 6 月 26 日和 2016 年 9 月 13 日（建设部令第 102 号、第 158 号、住房和城乡建设部令第 32 号）三度修订，形成现行的《工程监理企业资质管理规定》。

6 月 4 日　建设部发布《监理工程师资格考试和注册试行办法》（建设部令第 18 号），自 1992 年 7 月 1 日起施行。办法所称监理工程师系岗位职务，是指经全国统一考试合格并经注册取得《监理工程师岗位证书》的工程建设监理人员。办法明确了监理工程师的报考条件和注册条件。2006 年 1 月 26 日、2016 年 9 月 13 日（建设部令第 147 号、住房和城乡建设部令第 32 号）两度修订，形成现行的《注册监理工程师管理规定》。

9 月 18 日　国家物价局和建设部联合发出《关于发布建设工程监理费有关规定的通知》（〔1992〕价费字 479 号），保证工程建设监理事业的顺利发展，维护建设单位和监理单位的合法权益。

11 月 17 日至 19 日　建设部建设监理司、广东省建委、同济大学和香港工程师学会在广州联合举办了"建设监理国际研讨会"。这是中国建立建设监理制度以来，第一次举办国际研讨会，向世界宣示了我国建立建设监理制的基本构架，促进了国际同行的相互了解，为今后的国际合作和引进外资提供了相应的条件。

11 月 20 日　建设部和人事部共同确认了第二批 276 名监理工程师的执业资格。

1993 年

5 月 26 日　建设部在天津召开全国工程质量暨第五次建设监理工作会议，李振东副部长到会讲话，建设监理司司长姚兵作了《总结试点经验 抓住发展机遇 把我国建设监理工作推向稳步发展的新阶段》的工作报告。会议宣布我国的建设监理结束试点，全面总结了监理试点的成功经验，并根据需要和全国监理工作现状，部署了监理稳步发展阶段的各项工作。

7月27日 中国建设监理协会召开成立大会，宣布中国建设监理协会成立，并组成第一届理事会。建设部部长侯捷在会上作重要讲话。会议通过了协会章程，选举产生了协会领导集体。

11月15～24日 应中国建设监理协会邀请，国际咨询工程师联合（FIDIC）执行委员会委员、FIDIC亚太地区会员协会主席IR ROCKY WONG HONTHANG先生来我国北京、天津、广州访问并讲学。

11月15日～20日 住建部监理司委托中国建设监理协会在京举办了一期《建设监理研讨班》，来自政府主管监理工作的干部、工程项目业主、施工企业经理、监理公司经理以及有关部门的管理人员共75人参加了研讨班。

12月9日 中国建设监理协会常务副会长、建设部建设监理司司长姚兵会见澳大利亚雪山公司建筑部总工Garth Gilmour先生，就双方建立业务与监理工程师培训方面合作关系进行了磋商。

12月底 建设部组织编写的《建设监理概论》《建设项目投资控制》《建设项目质量控制》《建设项目进度控制》《建设工程合同管理》和《数据处理基础》六本监理培训教材正式发行。

1994年

4月23日～24日 建设部和人事部在北京、上海、天津、广东、山东5地共同举行了监理工程师资格考试（试点）。

5月9日～10日 由香港建设管理中心主办的"演变中的亚太区承包商角色"第一届国际会议在香港召开，中国建设监理协会作为襄助单位派出三位代表参加，协会会长谭庆琏副部长以"主礼嘉宾"的特殊礼遇应邀出席会议并在开幕式上致辞。同时，双方就业务及培训等相关合作事宜进行了商讨。

6月22日 建设部和人事部共同确认了第三批661名监理工程师的执业资格。

9月中、下旬 应澳大利亚雪山工程公司邀请，中国建设监理协会组织由北京、上海、天津、山东、广东、重庆、铁道部、电力部、冶金部、中国核工业总公司、建设部等地区和部门的建设监理主管部门和监理单位人员组成的"中国建设监理考察团"赴澳大利亚进行学习考察。

10月20日～21日 中国建设监理协会一届二次理事会会议在北京召开。会议传达了建设部部长侯捷在建设社团工作座谈会上的讲话，进一步明确了协会的地位、宗旨和努力方向。会议审议了一次会议以来协会工作报告，增选了陈玉贵同志为协会理事、常务理事兼任常务副秘书长。

1995 年

2 月～3 月　中国建设监理协会按建设部建设监理司要求，在京举办了两期监理工程师研修班。参加研修的是经确认取得了监理工程师资格而未参加过建设部定点院校监理培训的同志。研修主要内容是施工合同管理，国际 FIDIC 合同条件，违规索赔，以及"三控"的基本原理。

8 月初　中国建设监理协会派员参加了住建部在山西太原举办的《监理工程师培训统编材料》修订会议。本次统编教材修订是在现有基础上作适当调整、修改、充实和完善，新增新的政策法规、积累的工作经验等相关内容。

8 月 20 日～23 日　由建设部监理司委托中国建设监理协会组织、工程兵南京工苑建设监理公司承办的全国工程建设监理规范化问题研讨会在南京召开。会议着重讨论了工程建设在设计阶段、招标阶段和施工阶段监理业务的规范化问题，相应地提出了一些框架性的建议。

10 月 9 日　建设部和国家工商行政管理局联合发布《工程建设监理合同（示范文本）》GF-95-0202。2000 年 1 月 14 日、2012 年 3 月 27 日（GF-2000-0202、GF-2012-0202）两度修订，形成现行的《建设工程监理合同（示范文本）》。

10 月 21 日～11 月 9 日　应"美国文化对文化国际中心"的邀请，中国建设监理协会委托中国科技人才交流中心承办的、由全国十一个省市建设监理单位组成的中国建设监理赴美业务考察团一行 26 人，在美国进行了为期 20 天的业务考察。此次考察，举行了建设监理的培训讲座，访问了美国政府有关管理部门的官员及技术专家，参观了美国城市著名建筑。

12 月 15 日　建设部与国家计委联合发布《工程建设监理规定》（〔1995〕建监第 737 号），同时废止《建设监理试行规定》（〔89〕建监字第 367 号）。

12 月 17 日　由中国建设监理协会举办的全国首期总监理工程师研究班圆满落幕。来自全国近 20 个省（区）、市的一百多个工程建设监理单位 200 余位学员参加了研修班。

12 月 19 日～21 日　建设部在北京召开第六次全国建设监理工作会议，时任国务院副总理的邹家华同志为会议发来贺信，侯捷部长作了重要讲话，谭庆琏副部长作了工作报告。会议全面总结了试点工作经验，明确提出从 1996 年开始，建设监理转入全面推行阶段。

12 月 26 日～27 日　中国建设监理协会一届三次理事会在北京国务院第二招待所举行。会议传达贯彻第六次全国建设监理工作会议精神，总结二次理事会以来的工作，部署和审议 1996 年的工作。

1996 年

3 月 4 日～5 日　中国工程咨询协会、中国建设监理协会、中国国际工程咨询协会负责人与国际咨询工程师联合会（FIDIC）主席路易斯先生和执委黄汉腾先生在京就中国加入FIDIC一事进行了会谈。

3月下旬、4月上旬　中国建设监理协会在京举办了全国第二期总监理工程师研修班，本次研修班分两期举办。来自21个省、市自治区的173位同志参加了学习。本期研修班以"如何当好总监"为主题，分别就工程项目合同管理、索赔、FIDIC合同条件、ISO9000质量认证体系进行了研讨。

4月18日～24日　中国建设监理协会在黄山市举办了"建设单位及房地产企业建设监理实务研讨班"，帮助建设单位及房地产企业对建设监理制有较全面的了解，以利于各监理企业在今后工作中能得到建设单位的理解和支持，更好地发展建设监理事业。

4月21日～24日　由中国建设监理协会组织的第二届全国建设监理协会秘书长工作座谈会在山东省烟台市建设部全国城建培训中心举行。会议传达了建设部第二次全国建设社团工作会议精神，交流各监理协会工作情况，并就监理协会的自身建设与发展交换意见，讨论筹备召开中国建设监理协会第二次会员代表大会的有关事宜。

5月22日　中国建设监理协会秘书处召开了一次由八家在京的建设监理单位主要负责同志及我会有关同志参加的小型座谈会，会议围绕"建设监理单位如何开展(ISO9000)质量认证工作"进行了座谈。

5月28日～6月7日　住建部公司社团管理办公室组织中国集体建筑企业协会、中国建设监理协会及会员单位等一行六人对日本国进行了为期11天的考察访问。

6月30日～7月7日　中国建设监理协会、建设部干部学院联合主办的工程建设监理实务研修班在云南省昆明市举办。来自50多个建设单位和监理单位的70位负责同志参加研修。

7月上旬　中国建设监理协会在海口市举办了工程建设监理质量控制研讨班，主题为如何搞好工程建设监理中的质量控制。来自全国17个省市的58名同志进行了深入细致的研讨。

8月26日～28日　中国建设监理协会在哈尔滨举办第三期建设监理实务研讨班。研讨会采取大会专题发言与分组讨论相结合的方式进行，从监理企业如何正确认识和处理好与业主关系、如何解决目前监理事业发展中存在的问题等方面开展深入研讨。

10月16日　中国建设监理协会在大连召开第二届会员代表大会，审议并通过了第一届理事会工作报告，选举产生了新一届协会领导集体。

11月12日～30日　中国建设监理协会组织建设监理赴欧考察团一行11人应（法国）欧洲迈特里斯技术公司邀请，对英国、比利时、法国进行了考察。考察团走访了三个国家的协会、学会、企业、科教和政府机构共计12个单位，参观了7项工程，听取了他们的报告，进行了多次交谈，探讨了今后在信息交流、人员互访、技术培训和项目合作等方面的可能性，得到了对方的积极响应。

11 月 27 日～ 29 日　国家建筑工程质量监督检测测试中心与中国建设监理协会在京举办"建筑工程质量检测技术交流与检测仪器展示会"。展示会对建筑工程质量检测技术的现状与发展，并就砖结构无损检测、砖砌体检测、桩与地基基础检测、装饰工程检测、大跨度及空间结构检测等项技术进行了探讨交流。

1997 年

3 月 29 日～ 30 日　建设部和人事部共同组织首次全国监理工程师执业资格考试。

4 月 17 日～ 19 日　中国建设监理协会在广东中山市召开了全国监理协会秘书长工作座谈会。来自各地方、各部门建设监理协会 32 人参加了会议。此次会议中心议题是如何开拓协会工作的新局面。

5 月 13 日～ 17 日　中国建设监理协会与国家建筑工程质量监督检验测试中心联合在京举办了"第二次建筑工程质量检测技术交流与检测仪器展示会"。会议邀请有关专家就建筑工程质量检测技术做了专题介绍，12 家检测仪器的研制、生产厂家，包括香港的仪器公司，参加了检测仪器展示会。

5 月 30 日～ 31 日　中国建设监理协会和香港工程师学会、英国特许建造学会（香港）共同举办、深圳市监理工程师协会协办的 97 内地、香港工程建设监理交流研讨会在深圳市举行。来自内地和香港工程建设监理界的近 250 位专家、学者和监理工作者，就两地建设监理的法规、政策及发展状况、发展前景进行了交流研讨。

6 月下旬　中国建设监理协会在北京举办全国第三期建设监理单位总监研讨班。来自全国 23 个省市、14 个部门的 218 名总监参加了研讨。研讨班讲授了"合同管理与索赔""ISO9000 质量认证体系"，实地参观了东环广场、十三陵抽水蓄能电站工地，就如何推进全过程、全方位的监理展开了热烈讨论。

7 月 8 日～ 9 日　中国建设监理协会参加了住建部建设监理司在大连召开的《工程建设监理费规定》研讨会。来自国家计委重点建设司、国家计委价格管理司、国家税务总局流转税司、电力部水电农电司、交通部监理总站、中石化工程部、北京市建委、深圳市建设局、辽宁省建设厅、大连市建委、大连理工工程管理公司、深圳监理工程师协会、中国建设监理协会等单位的 15 位同志参加了研讨会。

7 月 28 日～ 8 月 1 日　中国建设监理协会与法国公共工程高等专科学院在北京联合举办了《国际工程建设监理高级研修班》，来自各地方、各部门 60 个监理单位的 75 名代表参加了研修班。

8 月 15 日　由中国建设监理协会、京兴建设监理公司、水利建设监理分会、成都华源水电技术咨询公司联合研究开发的《工程建设监理计算机辅助管理系统》（监理通 1.0 版）通过建设部组织的鉴定。鉴定委员会专家一致认为，该系统能够系统地处理工程建设监理中的有关信息、数据，能够辅助监理工程师对工程项目进行全面的监督管理。同时，为用户提供了可参考的先进管理模式，其中包括监理各阶段、各方面的工作程序和流程，体现了 ISO9000 系列质量管理和质量保证体系有关要素的基本要求。

9 月 11 日　中国建设监理协会受建设部建设监理司委托，在北京召开工程项目监理表格规范化问题座谈会。会议主要围绕建设工程项目在实施监理过程中有关监理表格规范化的问题进行了讨论。

9 月 23 日～28 日　中国建设监理协会在武汉举办第四期全国建设监理单位总监理工程师研讨班，来自全国各地 231 名总监参加了研讨。研讨班采取课堂讲课、现场参观、专题讨论的方式进行。

10 月 6 日～11 日　中国建设监理协会在北海举办了"工程建设监理实务研修班"，来自全国 22 个省市建设单位（业主）、监理单位 116 名负责同志参加了研修。

10 月 17 日～19 日　中国建设监理协会第二届第二次理事会在西安市召开。来自全国各地、各部门的 105 位理事及代表出席了会议。

11 月 1 日　《中华人民共和国建筑法》出台，自 1998 年 3 月 1 日起施行。明确了我国推行建筑工程监理制度。确立了建设工程监理的法律地位。

12 月 6 日～22 日　中国建设监理协会应公共工程高等专业学院（ESTP）之邀请，组织由北京、天津、湖北、黑龙江、江苏、浙江等省市的监理单位、建设主管部门的负责同志组成的监理业务考察团一行 16 人，赴欧洲对法国和德国的建设监理进行考察。

1998 年

1 月 7 日～12 日　中国建设监理协会在上海举办了第五期全国建设监理单位总监理工程师研讨班，来自全国各地 367 名同志参加了研讨班。研讨了《建筑法》、建筑工程质量通病与防治、合同管理、总监理工程师职责和任务、ISO9000 系列、计算机应用和工程项目监理规范化等内容，还实地考察了上海外滩金融中心、金茂大厦、丽晶苑等在监工程。

3 月 4 日～6 日　中国建设监理协会二届一次常务理事扩大会议在厦门召开。协会常务理事和团体会员的秘书长 50 余人出席会议。协会秘书处汇报了 1997 年工作情况和 1998 年工作要点，各团体会员互相交流工作和经验，审议有关事项，研究有关问题，探讨在新形势下如何把协会工作做好，更好地为会员服务。

3 月 31 日～4 月 3 日　中国建设监理协会在海南省海口市召开全国建设监理规范化交流研

讨会。来自全国各地方、部门 180 多个监理单位的近 200 位同志参加会议。交流研讨会采取大会交流与分组交流、讨论相结合的方式进行。

8 月 27 日　中国建设监理协会在京举办了第六期总监理工程师培训班，全国有 25 个省市区 205 名学员参加。培训班主要内容是讲解和讨论总监的任务与职责、合同管理、工程监理标准化与规范化、ISO9000 质量管理标准、质量的形势与问题，以及计算机在监理工作中的应用等。

10 月 20 日　中国建设监理协会二届二次常务理事会在北京召开。35 名常务理事参加了会议。

10 月　为协助监理企业贯彻实施 ISO9000 质量体系标准，提高企业的管理水平和监理工作水平，中国建设监理协会成立了"监理单位 ISO9000 质量体系认证咨询办公室"，向拟开展认证工作的监理单位提供认证前的有关服务工作。

1999 年

1 月 6 日～11 日　中国建设监理协会在广州举办第七期全国总监理工程师培训班，来自全国 106 家监理单位的 237 名总监理工程师参加的培训。培训主要内容有总监理工程师的职责和任务、世行贷款项目的管理与索赔、建设项目的前期工作与后评价、工程建设施工与监理招标投标和 ISO9000 标准的介绍等。

1 月 26 日～27 日　中国建设监理协会在北京召开了全国建设监理协会秘书长会议。来自全国 26 个监理协会的秘书长和一些地区和部门的政府主管监理的同志，计 50 余人参加了会议。

4 月 11 日～13 日　中国建设监理协会在三峡召开了"三峡工程建设监理经验现场交流会"，来自全国 25 个省、自治区、直辖市和铁路、交通、水电等部门的甲级监理单位，以及我会团体会员代表和中国长江三峡工程开发总公司各部门的代表，计 240 余人参加了交流会。

5 月 17 日～22 日　中国建设监理协会在厦门举办了第二期全国建设监理单位负责人研讨班，来自全国 165 家监理单位的 196 名负责人参加了研讨班。这期研讨班紧密围绕当前监理工作的中心任务，结合监理企业的实际需要，着重解决提高监理企业管理水平的问题。

6 月 8 日～13 日　中国建设监理协会在成都举办了第八期全国建设监理单位总监理工程师研讨班，来自全国 147 家监理单位的 243 名总监理工程师参加了研讨班。

6 月 15 日～21 日　中国建设监理协会在成都市举办了第二期质量体系内部审核员培训班。来自 58 家监理单位的 104 名学员参加了培训。

7 月 13 日～15 日　《中国建设监理简讯》通讯员工作会在北京召开，来自 17 个省、市监理协会及专业委员会和部分会员单位的 27 名通讯员参加了会议。

8月24日　中国建设监理协会二届三次常务理事会在北京召开。会议研究了第三届会员代表大会的代表和理事的产生办法，讨论了中国建设监理协会"先进监理单位"和"优秀监理总监理工程师"的评选条件和评选办法。

9月22日～26日　中国建设监理协会在昆明举办建设监理单位负责人研讨班。

10月8日～12日　中国建设监理协会在京召开《合同法》学习班。

10月21日～26日　中国建设监理协会在长沙举办总监理工程师研讨班。

11月26日　中国建设监理协会在国际互联网上正式开通《中国建设监理在线》工作网站。该网站是中国建设监理协会对外发布信息、与会员建立联系的主要媒体之一，网站的建成加大了建设监理工作宣传力度，提高了监理行业信息交流效率和管理水平，为监理单位提供方便、快捷的信息服务。

2000 年

1月20日～21日　中国建设监理协会在北京召开第五次全国建设监理协会秘书长会议。来自全国20个监理协会的秘书长和一些地区和部门的政府主管监理的同志，计47人参加了会议。

1月30日　国务院颁布《建设工程质量管理条例》，自发布之日起施行。明确了工程监理单位及监理工程师的质量责任，明确了必须实行监理的范围。

2月20日　中国建设监理协会发布关于表彰先进工程建设监理单位和优秀总监理工程师的决定，授予北京建工京精工程建设监理公司等66家监理单位"先进工程建设监理单位"称号，授予褚克等110位总监为"优秀总监理工程师"称号。

3月29日～30日　中国建设监理协会在北京召开第三届会员代表大会，建设部副部长郑一军到会讲话，大会通过了新的章程，审议并通过了第二届理事会工作报告，选举产生了新一届协会领导集体。

5月25日～31日　中国建设监理协会在南昌举办建设监理单位负责人研讨班。

6月15日～21日　中国建设监理协会在大连举办总监理工程师培训班。

7月11日～13日　中国建设监理协会在上海召开了建设监理企业改制工作研讨会。会议介绍了国有企业改制的情况和国家的有关方针政策，改制工作中遇到的问题。会议听取了上海浦东建设工程咨询公司等9家监理公司介绍企业改制的经验和情况，并针对改制中出现的焦点和难点问题进行了讨论和交流。

9月26日～27日　由建设部建筑管理司和中国建设监理协会召开的监理工程师培训教材之一的《工程建设信息管理》修订会在京举行。

10月19日　中国建设监理协会受建设部建筑管理司委托，在京举办了"中英国际工程管理研讨会"，政府建设管理干部、监理协会工作人员、监理企业领导人员、有关院校教授以及部分报刊记者等近160人参加了会议。

10月25日～30日　中国建设监理协会在北京举办建设监理法规学习班。

11月21日～23日　中国建设监理协会在安徽铜陵市召开了《中国建设监理简讯》通联工作暨建设监理宣传工作会议。

11月23日～29日　中国建设监理协会在重庆举办全国建设监理单位总监理工程师培训班。

12月7日　建设部和国家质量技术监督局联合发布了《建设工程监理规范》，这是我国工程建设领域所制定的第一部管理型规范。《建设工程监理规范》作为国家强制性规范，于2001年5月1日开始实施。

12月19日～25日　中国建设监理协会在海口举办全国建设监理单位负责人研讨班。

2001 年

1月4日～5日　中国建设监理协会在京举办第六次全国建设监理协会秘书长会议。会议的主旨是交流各协会2000年工作经验和2001年工作初步设想。

1月17日　建设部发布《建设工程监理范围和规模标准规定》（建设部令第86号），自发布之日起施行。

5月23日～29日　中国建设监理协会在杭州举办全国建设监理单位总监理工程师培训班。

6月20日～26日　中国建设监理协会在青岛举办全国建设监理单位负责人研讨班。

6月　为了学习贯彻《建设工程监理范围和规模标准规定》及《建设工程监理规范》，推动建设工程监理规范化工作的开展，建设部建筑管理司与中国建设监理协会共同主办《建设工程监理范围和规模标准规定》与《建设工程监理规范》知识竞赛。

8月10日～15日　中国建设监理协会在昆明举办质量管理体系内部审核员培训班。

8月21日～27日　中国建设监理协会在乌鲁木齐举办全国建设监理单位负责人高级研讨班。

9月12日～14日　中国建设监理协会在京举办建设监理迎接入世研讨会。各地建设监理企业与建设监理协会负责人、部分建设监理主管部门的同志，大专院校和研究单位专家教授等180余人参加会议。

10月23日～25日　中国建设监理协会在河南洛阳召开《中国建设监理简讯》通联工作及建设监理宣传工作会议。

12月13日～14日　建设部建筑市场管理司在深圳召开了全国建设监理管理工作会议。各省、自治区建设厅、直辖市建委、国务院有关部门建设司及中央管理的有关总公司建管处负责人，建设部信息中心和有关媒体的代表 70 人参加了会议。

2002 年

1 月 15 日～ 16 日　中国建设监理协会三届二次理事会（扩大）会议在京召开。会议审议了三届一次理事会以来的工作报告，审议《中国建设监理协会分支机构管理办法》等 5 项议案。

1 月　监理培训教材修订本发行，名称统一调整为《建设工程监理概论》《建设工程投资控制》《建设工程质量控制》《建设工程进度控制》《建设工程合同管理》和《建设工程信息管理》。

9 月 4 日～ 6 日　中国建设监理协会在福州召开《中国建设监理简讯》通联工作暨建设监理宣传工作会议。

12 月 11 日～ 16 日　中国建设监理协会在海口举办质量管理体系内部审核员培训班。

12 月 20 日～ 24 日　中国建设监理协会在广州举办《建筑工程施工质量验收规范》培训研讨班。

2003 年

1 月　中国建设监理协会化工分会组织编写的《化工工程建设监理使用手册》已由化学工业出版社出版发行。

8 月 27 日～ 28 日　中国建设监理协会在北京召开理论研究委员会成立会议。中国建设监理协会理论研究委员会由 43 位委员组成，是从事监理理论研究的学术团体。

9 月 18 日～ 19 日　中国建设监理协会在京召开第三届第三次常务理事会及秘书长会议，常务理事和各地区监理协会及部门监理专业委员会的秘书长、副秘书长 90 余人参加。

11 月 24 日　国务院颁布《建设工程安全生产管理条例》，自 2004 年 2 月 1 日起施行。明确了工程监理单位及监理工程师在安全生产管理方面的法律责任。

12 月 16 日～ 18 日　中国建设监理协会在三亚举办工程监理企业负责人研讨会。研讨内容为研究当前建设监理事业发展过程中存在的问题，交流建设监理企业开展工程项目管理工作的经验，介绍国际工程项目管理模式，探讨监理企业改革和发展的方向。

2004 年

8 月 30 日　中国建设监理协会机械分会成立。

8 月下旬　中国建设监理协会应瑞典有关方面邀请，考察团一行 7 人对瑞典进行了访问考察与交流。

9 月 22 日　中国建设监理协会发布关于表彰优秀总监理工程师和优秀监理工程师的决定，

授予86人"优秀总监理工程师"荣誉称号，授予180人"优秀监理工程师"荣誉称号。

10月20日～21日　中国建设监理协会第六次秘书长座谈会在京举办，52个省级、副省级和专业部门的监理协会（分会）的秘书长或副秘书长60余人参加会议。

11月16日　建设部颁布《建设工程项目管理试行办法》，提出"取得城市规划师、建筑师、工程师、建造师、监理工程师、造价工程师等执业资格的专业技术人员，可在工程勘察、设计、施工、监理、造价咨询、招标代理等任何一家企业申请注册并执业。"

11月16日～18日　中国建设监理协会在昆明召开《中国建设监理》通联工作暨建设监理宣传工作会议。对4名工作突出的同志进行表彰，授予《中国建设监理》优秀通讯员荣誉称号。

2005 年

1月8日～10日　中国建设监理协会在广西南宁召开了全国建设监理经验交流会。来自29个省、自治区、直辖市的监理企业负责人、监理协会和监理专业分会的领导以及部分负责监理工作的政府主管部门的同志共计270余人参加了会议。会上来自18个企业的代表进行了经验交流。

6月14日～15日　中国建设监理协会理论研究委员会第二次会议在京召开。来自各地的理论研究委员会会员及建设部建筑市场管理司的有关领导、中国建设监理协会领导共30人参加了会议。

6月29日～30日　建设部在大连召开第七次全国建设监理工作会议。会议的主要内容是按照全面落实科学发展观的要求，回顾10年来建设监理工作取得的成就，总结、交流经验，表彰先进，分析建设监理面临的形势和存在的问题，研究建设监理行业的发展方向和改革措施，部署今后的建设监理工作，推进建设监理工作持续健康发展。建设部副部长黄卫在会上作了《改革创新 科学发展 努力开创工程监理工作的新局面》的工作报告。建设部建筑市场管理司司长王素卿在会上作题为《统一思想 狠抓落实 推动工程监理工作健康发展》的讲话。

7月9日～10日　中国建设监理协会第三届第三次常务理事会及秘书长会议在京召开。建设部建筑市场管理司司长王素卿出席会议并讲话。会议传达贯彻全国建设工程监理工作会议精神，讨论与落实其提出的各项任务和要求。讨论了《建设工程监理市场管理规定》等5个建设部关于监理的待议文件。会议汇报了第二次常务理事会以来协会的工作和下半年工作建议。

7月下旬　中国建设监理协会组织考察组考察了南海石化项目工程项目管理实施情况，并在深圳和上海分别组织召开两次工程项目管理工作座谈会，研究探讨我国开展工程项目管理工作的基本经验和操作方法。

9月16日 中国建设监理协会石油天然气分会成立大会暨第一次会员代表大会在成都举办。

10月27日～28日 中国建设监理协会化工监理分会成立大会在广西桂林召开。

11月24日～25日 中国建设监理协会组织的《建设工程监理规范》修订研讨会在宁波市召开。此次针对2001年施行的《建设工程监理规范》进行修订，拟在适用范围、监理工作内容以及监理人员岗位资格条件等方面作适当调整。

12月18日～20日 中国建设监理协会和上海市建设工程咨询行业协会在上海举办了"2005年中国工程项目管理服务论坛"，旨在促进国内工程项目管理的理论研究和工作实践活动，宣贯相关政策法规，以提高我国工程项目管理水平。

2006年

1月26日 建设部发布《注册监理工程师管理规定》，自4月1日起施行。对注册监理工程师的注册、执业、继续教育和监督管理进行了规定。1992年6月4日建设部颁布的《监理工程师资格考试和注册试行办法》（建设部令18号）同时废止。

3月9日～10日 中国建设监理协会在京召开团体会员秘书长座谈会，会议主题为讨论如何更好地贯彻建设部最近发布的《注册监理工程师管理规定》（建设部令147号）以及待定的实施办法；交流各监理协会的工作经验和当年工作计划，推进协会工作的开展。

4月28日 住建部办公厅印发了《关于由中国建设监理协会组织开展注册监理工程师继续教育工作的通知》（建办市函〔2006〕259号），要求协会在住建部的监督指导下，按照《注册监理工程师管理规定》的要求，尽快组织制定有关注册监理工程师继续教育工作的制度和办法，做好相关工作。

6月13日～14日 中国建设监理协会理论研究委员会第三次会议在京召开，22名委员参加了会议。建设部建筑市场管理司监理处逄宗展处长出席会议并讲话。

6月27日 中国建设监理协会与香港测量师学会在北京签署了内地监理工程师和香港建筑测量师资格互认协议。经过测试，内地255名监理工程师和香港228名建筑测量师分别获得了建筑测量师和监理工程师资格。

7月5日～7日 中国建设监理协会在重庆召开工程监理企业经营管理经验交流会，来自全国26个省、自治区、直辖市的259名代表参加了会议。14家企业分别就各自的经营管理经验在大会上作了交流。

9月1日 中国建设监理协会船舶监理分会成立大会在呼和浩特召开，同时举行了一届一次理事会议。

9月26日 中国建设监理协会团体会员及专业分会秘书长会议在京召开。会议研究与部署了中国建设监理协会拟表彰的"先进工程监理企业""优秀总监理工程师""优秀监理工程师"和"优秀协会工作者"的评选工作。会议研究与部署了如何开展住建部下达的注册监理工程师继续教育工作这项重要任务，通报了理论研究委员会的工作情况、内地监理工程师和香港建筑测量师执行资格互认情况等。

10月16日　建设部发布《关于落实建设工程安全生产监理责任的若干意见》（建市〔2006〕248号），对建设工程安全生产监理的主要工作内容、工作程序、监理责任等作出了规定。

11月29日　建设部发出《关于报送2006年建设工程监理统计报表的通知》，要求自2006年起正式实行《建设工程监理统计报表制度》。建设工程监理统计正式纳入国家社会发展和国民经济整个统计体系之中。

12月21日　中国建设监理协会印发了《关于注册监理工程师继续教育几项具体工作安排的通知》（中建监协〔2006〕11号）。通知从落实负责继续教育工作的机构和人员、继续教育培训单位的审核推荐、落实网络教学的测试机构、做好继续教育大纲和教材编写工作、安排好分年度和集中继续教育工作等方面进行了部署。

2007年

1月22日　建设部和商务部共同发布《外商投资建设工程服务企业管理规定》（建设部令第155号），这是我国政府发布的第一个关于规范外商投资建设工程服务企业的管理性文件。

1月22日　中国建设监理协会在京召开第三届第五次常务理事会及团体会员秘书长会议。建筑部建筑市场管理司王早生副司长和建设咨询监理处逢宗展处长参加会议并分别作讲话。

1月23日　中国建设监理协会发布关于表彰2006年度先进工程监理企业、优秀总监理工程师、优秀监理工程师和优秀协会工作者的决定，授予92家企业"先进工程监理企业"荣誉称号，授予105位同志"优秀总监理工程师"荣誉称号，授予188位同志"优秀监理工程师"荣誉称号，授予64位同志"优秀协会工作者"荣誉称号。

3月30日　国家发展改革委员会和建设部联合发布了《建设工程监理与相关服务收费管理规定》（发改价格〔2007〕670号）和《建设工程监理与相关服务收费标准》，第一次对建设工程监理收费标准进行调整。

4月10日～12日　中国建设监理协会在北京召开第三届第三次理事会和第四次会员代表大会，审议并通过了第三届理事会工作报告，通过了新的协会章程，选举产生了新一届协会领导集体。

11月27日～28日　中国建设监理协会在上海组织召开了"中国建设监理首届峰会"。来自 19 个省市的监理企业以及分会、行业协会和地方协会的代表共 100 余人参加了会议。中国建设监理协会名誉会长干志坚、谭克文，建设部建筑市场管理司副司长王早生，建设部工程质量安全监督与行业发展司副司长吴慧娟，上海市建管办主任许解良，上海市建设工程咨询行业协会会长姚念亮出席会议并发表讲话。会上 8 家监理企业代表作了大会发言。

11 月 29 日　中国建设监理协会四届二次常务理事会在上海召开。审议通过了举办纪念建设监理制度推行二十周年及中国建设监理协会成立十五周年庆典活动等 6 项决议。

12 月 8 日　中国建设监理协会与香港建筑测量师学会在京举行了内地监理工程师与香港建筑测量师资格互认颁证仪式。

2008 年

1 月 23 日　中国建设监理协会在京举办了"共创鲁班奖工程监理单位与总监理工程师表彰大会暨香港建筑测量师资格证书颁奖仪式"。大会为首批内地 255 名监理工程师代表颁发了香港建筑测量师资格证书，对共创 2007 年度鲁班奖工程的 91 家监理单位、87 名总监理工程师进行了表彰，颁发了奖牌和荣誉证书。

2 月 27 日　中国建设监理协会在京召开《工程项目监理机构人员配备标准研究》课题组第一次会议。建设部建筑市场管理司有关领导出席会议并讲话。

8 月 19 日　中国建设监理协会会长张青林携协会考察团一行五人对山西省监理工作进行考察调研。

10 月 7 日～ 10 日　中国建设监理协会组织调研组赴四川就当前建设工程监理工作实施情况及存在问题进行了调研。

11 月 12 日　住房城乡建设部印发《关于大型工程监理单位创建工程项目管理企业的指导意见》（建市〔2008〕226 号），推进有条件的大型工程监理单位创建工程项目管理企业，为社会提供全过程、全方位的项目管理咨询服务。大多数中小型监理企业要将建设工程施工阶段的监理作为其主要服务内容，重点做好施工质量和安全生产的监理工作。最终建立起大、中、小型监理企业相对稳定、协调发展的行业组织结构体系。

11 月 30 日　温家宝总理在百家监理企业给总理的一封信上作出重要批示，对进一步做好建设监理工作提出要求。

12 月 12 日　中国建设监理协会在北京召开"中国建设监理事业创新发展 20 周年总结表彰大会"。全国政协副主席白立忱、国务院南水北调办公室主任张基尧出席了会议，住房城乡建设部副部长陈大卫出席会议并讲话。住房城乡建设部副部长陈大卫在会上传达了温家宝总理最近对工程监理工作做出的重要批示，并提出了贯彻落实的具体要求。会议隆重表彰了一批多年来取得辉煌监理业绩、为工程监理事业的发展作出积极贡献的工程监理企业和监理人员，推出了一批为国家重点工程建设做出杰出贡献的64名中国工程监理大师，特别表彰了一批在建设监理制度的创立和发展中做出特殊贡献的8名杰出人物。

12月13日　中国建设监理协会在京召开第二届中国建设监理峰会。

12月14日　中国建设监理协会在京召开四届二次理事会。大会介绍了中国建设监理创新发展二十周年总结表彰大会的情况。会议汇报了《秘书处2008年工作总结及2009年工作计划》，审议表决了副会长人员变更等4项文件。

2009 年

4月8日　中国建设监理协会在广州召开创建学习型监理组织活动动员及共创鲁班奖工程表彰大会，并正式启动了在全行业开展创建学习型监理组织活动。大会对92家监理企业和107名总监理工程师给予表彰，分别授予共创鲁班奖工程监理企业奖牌与证书和共创鲁班奖工程总监理工程师证书。同时对获得三项以上共创2008年度鲁班奖工程的6家企业授予共创鲁班奖工程优秀监理企业证书。

4月9日　中国建设监理协会在广州召开全国监理协会秘书长工作会议。会议通报了《中国建设监理协会2009年工作要点》，探讨了监理工程师继续教育等有关问题。

5月18日～20日　中国建设监理协会根据住房和城乡建设部要求，在杭州市举办第一期地铁工程监理人员质量安全培训班。来自全国各地、各行业的295名地铁工程监理人员参加了培训并经考试合格取得《地铁工程监理人员质量安全培训合格证书》。

5月20日　《中国建设监理》通联会暨宣传工作会议在长沙市召开。会议通报了《中国建设监理》工作情况，讨论通过了《中国建设监理》通讯员管理办法，明确了2009年信息宣传工作重点，安排部署了有关活动。

6月23日～25日　中国建设监理协会根据住房和城乡建设部要求，在沈阳市举办第二期地铁工程监理人员质量安全培训班。来自全国各地、各行业的250名地铁工程监理人员参加了培训并经考试合格取得《地铁工程监理人员质量安全培训合格证书》。

12月15日　中国建设监理协会在广西南宁市召开全国监理行业共创鲁班奖工程表彰大会暨第三届中国建设监理峰会。大会对共创2009年度鲁班奖工程的90家监理企业和94名总监理工程师进行了表彰，对获得3项以上鲁班奖工程的3家监理企业颁发了共创鲁班奖工程优秀监理企业证书。本届峰会围绕"社会质量观"这一新理念，交流"创建学习型监理组织"和"推进一体化服务"两大主题。

2010 年

3 月 10 日　中国建设监理协会在京组织召开《建设监理行业"十二五"发展规划》编制工作研讨会，共商建设监理行业"十二五"发展蓝图。住房和城乡建设部建筑市场监管司、政策研究中心有关负责人参加了会议。

3 月 11 日　中国建设监理协会理论研究委员会在京召开第二届第二次全体工作会议。

7 月 7 日～ 8 日　中国建设监理协会理论研究委员会与江苏省建设监理协会在江苏南京召开全国监理对施工安全监管理论研讨会。

11 月 25 日　住房城乡建设部在南京召开第八次全国建设工程监理会议。住房城乡建设部副部长郭允冲出席会议并讲话。会议主要任务是按照全面贯彻落实科学发展观的要求，落实中办、国办关于开展工程建设领域突出问题专项治理工作要求，回顾近 5 年来我国工程监理工作，分析工程监理市场和行业发展方面存在的问题，研究工程监理行业改革创新和发展方向，促进工程监理规范化、科学化和制度化，进一步提高建设工程的质量安全。

12 月 15 日　中国建设监理协会在成都召开第四届中国建设监理峰会。住房和城乡建设部总经济师李秉仁出席会议并讲话。会议传达了全国建设工程监理会议精神，表彰了 2010 年度 147 家先进工程监理企业、155 位优秀总监理工程师、203 位优秀监理工程师、52 位优秀协会工作者。

12 月 16 日　中国建设监理协会在成都召开全国建设监理协会秘书长工作会议。

12 月 16 日　中国建设监理协会理论研究委员会第二届第三次工作会议在成都市召开。会议研究审定了《中国建设监理协会理论研究委员会 2011-2015 理论研究规划纲要（草案）》。

2011 年

1 月 11 日　中国建设监理协会在海口市召开第四届第四次理事会。

6 月 30 日～ 7 月 1 日　中国建设监理协会党支部为庆祝中国共产党建党 90 周年，结合贯彻部党组有关开展主题党日活动的有关要求，组织全体党员、积极分子等 23 人赴西柏坡、白洋淀开展了一次创建"学习型协会"和"学习型党支部"主题党日活动。

2012 年

1 月 6 日　中国建设监理协会在重庆市召开了第四届第三次常务理事会。会议审议了秘书处 2011 年工作总结及 2012 年工作设想等四项文件，讨论了《建设工程监理行业"十一五"发展研究报告》。

3月21日～22日　中国建设监理协会理论研究委员会在河南郑州市召开了建设监理技术研讨会。

3月　为做好住房城乡建设部和国家工商行政管理总局联合发布了新修订的《建设工程监理合同（示范文本）》宣传贯彻工作，住房城乡建设部建筑市场监管司组织召开了全国宣贯会，对修订情况进行说明，对重点内容和法律风险进行了讲解，并对下一步宣贯工作做了部署。

5月11日　中国建设监理协会在京举办了《建设工程监理合同（示范文本）》师资培训班。

6月13日～14日　中国建设监理协会理论研究委员会与陕西省建设监理协会在西安市共同举办"首届建设监理科研课题和论文评优活动表彰暨第二届总监工作经验交流会"，对评出优秀监理科研课题6项、优秀监理论文38项、优秀组织奖4名予以表彰和颁奖。会上有9名同志就怎样培养总监、怎样当好总监等方面进行了交流。

10月8日　中国建设监理协会发布《关于在中国建设监理协会会员内开展评选表彰活动评选结果的公告》，表彰了2011～2012年度134家先进工程监理企业，157名优秀总监理工程师，198名优秀专业监理工程师，47名优秀协会工作者。

2013 年

3月26日　中国建设监理协会在京召开第四届第四次常务理事会。

3月27日　中国建设监理协会在北京召开第五届会员代表大会，审议并通过了第四届理事会工作报告，通过了新的协会章程，选举产生了新一届协会领导集体。同日下午，中国建设监理协会五届一次常务理事会召开。

4月22日　中国建设监理协会在京召开各行业协会工程监理工作座谈会，来自17个协会的负责同志出席会议。会议传达了郭允冲副部长在第五次会员代表大会和五届一次常务理事会上的讲话精神，提出了贯彻落实郭副部长讲话的工作要求，并对具体工作进行了部署。

5月13日　住房城乡建设部发布国家标准《建设工程监理规范》GB/T 50319-2013，《建设工程监理规范》提出了项目监理机构及其设施、监理规划及监理实施细则、工程质量造价进度控制及安全生产管理的监理工作、工程变更索赔及施工合同争议的处理、监理文件资料管理、设备采购与设备监造及相关服务的内容和标准。

5月31日　中国建设监理协会在山西太原召开了地方协会秘书长和注册管理机构负责同志工作座谈会。

7月3日　中国建设监理协会受住房城乡建设部委托开展的《工程监理制度发展研究》课题项目正式开题启动。课题研究方向和内容是总结回顾二十多年来工程监理发展状况，探讨具有中国特色的监理制度和制度建设理论。

7月17日～18日　中国建设监理协会在哈尔滨组织召开了《建设工程监理规范》GB/T 50319-2013宣贯会议。

9月10日　中国建设监理协会在四川成都召开西部地区建设监理协会秘书长工作恳谈会第七次会议。

12月18日～19日　中国建设监理协会在深圳召开监理企业战略发展经验交流会在深圳召开。

2014年

1月10日　中国建设监理协会发布《建设监理行业自律公约（试行）》（中建监协〔2014〕001号）。该公约（试行）共有五章十九条，对监理单位、监理人员的市场行为、执业行为等都作了具体的约定与规范，对企业及个人遵守公约或违反公约也作了奖励与处罚的约定。

3月14日　中国建设监理协会在湖北武汉召开了地方及行业协会秘书长工作会议。

4月1日　中国建设监理协会印发《关于加强注册监理工程师继续教育工作的意见》，从继续教育管理职责；继续教育类型、方式、学时和时间；继续教育收费；继续教育内容；继续教育网络课件等五方面提出工作意见。

7月1日　中国建设监理协会发布《关于通报2013-2013年度鲁班奖获奖工程项目监理企业及总监理工程师名单决定》，对132家获奖工程项目的监理企业和176名总监理工程师进行了通报。

7月26日～27日　中国建设监理协会在宁夏召开建设工程监理企业质量安全法律风险防范实务与深化行政管理体制改革对监理行业的影响信息交流会。

11月24日～25日　由中国建设监理协会主办，浙江省建设工程监理管理协会协办的"贯彻落实住房城乡建设部《工程质量治理两年行动方案》暨建设监理企业创新发展经验交流会"在杭州召开。本次会议旨在贯彻落实住房城乡建设部部署的《工程质量治理两年行动方案》，完善监理体制，发挥监理作用，保障工程质量，促进建设监理企业创新发展。会上14位企业代表作了交流发言。

12月1日　中国建设监理协会新网站正式启用，网站域名为www.caec-china.org.cn

12月26日　中国建设监理协会发布《关于表扬2013-2014年度先进工程监理企业、优秀总监理工程师、优秀专业监理工程师及监理协会优秀工作者的决定》，决定对评选出的2013-2014年度124家先进工程监理企业，113名优秀总监理工程师，109名优秀专业监理工程师，54名优秀协会工作者给予表扬。

2015 年

1月14日　中国建设监理协会五届二次理事会暨五届三次常务理事会在昆明召开。

1月23日　中国建设监理协会发布《建设监理人员职业道德行为准则（试行）》（中建监协〔2015〕11号）。

3月6日　《住房城乡建设部关于印发〈建设单位项目负责人质量安全责任八项规定（试行）〉等四个规定的通知》（建市〔2015〕35号）发布。其中，《建筑工程项目总监理工程师质量安全责任六项规定（试行）》要求严格按照法规、合同和《建设工程监理规范》GB/T50319-2013做好监理工作，提出了建筑工程项目总监理工程师应当严格执行六项规定并承担相应责任。

3月19日　中国建设监理协会印发关于贯彻落实《建筑工程项目总监理工程师质量安全责任六项规定》的通知，要求组织宣贯总监六项规定，开展所有在建项目的总监理工程师培训和考核总监六项规定，要求所有在建项目施工现场监理办公室悬挂总监六项规定，配合政府主管部门做好检查工作等。

3月27日　中国建设监理协会在深圳召开中国建设监理协会专家委员会成立大会。来自各地和高等院校及监理企业的专家代表共计95人出席了会议。

6月24日　中国建设监理协会在黑龙江哈尔滨召开中国建设监理协会会长工作会议。会议通报了2015年上半年协会工作，介绍了监理工程师注册管理和继续教育情况。会议讨论了《关于指导监理企业规范价格行为维护市场秩序的通知》和关于建立协会个人会员制度的相关事宜。

7月7日　中国建设监理协会印发《关于指导监理企业规范价格行为和自觉维护市场秩序的通知》。

7月15日　由中国建设监理协会主办、吉林省建设监理协会协办的建设工程项目管理经验交流会在长春市召开。本次会议旨在贯彻住房城乡建设部关于推进建筑业发展和改革的若干意见和工程质量治理两年行动方案，应对工程监理服务价格市场化新形势，增强监理企业适应建筑市场发展和改革的能力，促进监理行业可持续发展。11名专家、教授及企业负责人在会上进行交流。

8月5日　中国建设监理协会在贵州省贵阳市召开全国监理协会秘书长工作会议。会议通报了协会2015年上半年工作情况，审议监理个人会员制度及《中国建设监理协会个人会员管理办法》，有关注册监理工程师继续教育等相关内容。

11月10日　中国建设监理协会在南京召开五届二次会员代表大会暨监理行业诚信建设经验交流会。会员代表大会审议通过《中国建设监理协会2015年工作总结及2016年工作要点》

《中国建设监理协会个人会员管理办法（试行）》《中国建设监理协会个人会员会费标准与缴纳办法（试行）》。有 7 名协会、企业代表在经验交流会上进行发言。

12 月 15 日　住房城乡建设部建筑市场监管司印发《关于勘察设计工程师、注册监理工程师继续教育有关问题的通知》（建市监函〔2015〕202 号），按照《国务院关于第一批清理规范89 项国务院部门行政审批中介服务事项的决定》（国发〔2015〕58 号）的要求，不再指定注册监理工程师继续教育培训单位。

2016 年

2 月 6 日　《中共中央 国务院关于进一步加强城市规划建设管理工作的若干意见》发布，指出完善工程质量安全管理制度，落实建设单位、勘察单位、设计单位、施工单位和工程监理单位等五方主体质量安全责任。强化政府对工程建设全过程的质量监管，特别是强化对工程监理的监管。

3 月 22 日　中国建设监理协会在京召开全国建设监理协会秘书长工作会议。住房城乡建设部建筑市场监管司监理处处长齐心到会并讲话，4 家协会在会上进行经验交流。

6 月 29 日　由中国建设监理协会主办、内蒙古自治区工程建设协会协办的工程监理企业信息化管理与 BIM 应用经验交流会在内蒙古举办。本次会议旨在贯彻国务院"互联网＋"政策和住房城乡建设部关于推进建筑业发展和改革的若干意见，以信息化打造企业核心竞争力，促进企业转型升级，促进监理行业可持续发展。8 名专家、教授及企业负责人在会上作专题演讲。

7 月 5 日　《中共中央 国务院关于深化投融资体制改革的意见》（中发〔2016〕18 号）发布，提出依法落实项目法人责任制、招标投标制、工程监理制和合同管理制，切实加强信用体系建设，自觉规范投资行为。

7 月 5 日　中国建设监理协会印发《关于表扬 2014-2015 年度鲁班奖工程项目监理企业及总监理工程师的决定》（中建监协〔2016〕46 号）。

9 月 21 日　《中国建设监理与咨询》编委会工作会议在西安顺利召开，共有 47 位编委会委员参加会议。

9 月 27 日　《国务院办公厅关于大力发展装配式建筑的指导意见》（国办发〔2016〕71 号）发布，提出建设和监理等相关方可采用驻厂监造等方式加强部品部件生产质量管控。

11 月 15 日　《住房城乡建设部办公厅关于培育和发展工程建设团体标准的意见》（建办标〔2016〕57 号）发布，为工程建设领域团体标准的规范管理指明了方向。

11 月 23 日　由中国建设监理协会主办、江西省建设监理协会协办的应对工程监理服务价格市场化交流会在南昌召开。本次会议旨在总结交流工程监理行业在服务价格市场化方面的有效措施和实践经验，提高应对服务价格市场化能力，引导企业规范价格行为，营造公平的市场竞争环境，促进新常态下建设工程监理行业的创新发展。会上 10 位代表从不同角度、不同维度分析了价格放开后行业、企业应对的情况。

12 月 13 日　中国建设监理协会在广西南宁召开了五届四次常务理事会及五届四次理事会。会议审议通过了《中国建设监理协会 2016 年工作报告及 2017 年工作建议》等 6 项文件。会上 4 家协会进行了工作交流。

2017 年

1 月 3 日　中国建设监理协会发布《建设监理企业诚信守则（试行）》（中建监协〔2017〕001 号）。

1 月 12 日　《国务院办公厅关于印发安全生产"十三五"规划的通知》（国办发〔2017〕3 号）提出，完善建筑施工安全管理制度，强化建设、勘察、设计、施工和工程监理安全责任。

2 月 21 日　《国务院办公厅关于促进建筑业持续健康发展的意见》（国办发〔2017〕19 号）印发，提出鼓励投资咨询、勘察、设计、监理、招标代理、造价等企业采取联合经营、并购重组等方式发展全过程工程咨询，培育一批具有国际水平的全过程工程咨询企业。

3 月 3 日　《住房城乡建设部关于印发工程质量安全提升行动方案》（建质〔2017〕57 号）要求，严格落实项目负责人责任。严格执行建设、勘察、设计、施工、监理等五方主体项目负责人质量安全责任规定，强化项目负责人的质量安全责任。开展监理单位向政府主管部门报告质量监理情况的试点，充分发挥监理单位在质量控制中的作用。

3 月 21 日　中国建设监理协会在京召开全国建设监理协会秘书长工作会议。会议报告了协会 2017 年工作要点，通报了协会宣传工作情况、会员服务工作情况和培训工作情况。会议还组织参观了在建的"中国尊"工程项目。

5 月 2 日　《住房城乡建设部关于开展全过程工程咨询试点工作的通知》（建市〔2017〕101 号）发布，选择北京、上海、江苏、浙江、福建、湖南、广东、四川 8 省（市）以及 40 家企业（16 家监理企业）开展全过程工程咨询试点。

5 月 8 日　中国建设监理协会印发关于贯彻落实《工程质量安全提升行动方案》的通知，提出要充分认识开展工程质量安全提升行动的重要意义，积极发挥服务职能，落实监理主体责任，落实监理从业人员责任，加强质量安全制度建设，落实工程质量报告制度试点，提升监理技术创新能力，推进监理诚信体系建设，开展全过程咨询服务，总结推广先进经验。

7 月 7 日　《住房城乡建设部关于促进工程监理行业转型升级创新发展的意见》（建市〔2017〕145 号）要求，提升工程监理服务多元化水平，创新服务模式，逐步形成以市场化为基础、国际化为方向、信息化为支撑的工程监理服务市场体系；形成以主要从事施工现场监理服务的企业为主体，以提供全过程工程咨询服务的综合性企业为骨干，各类工程监理企业分工合理、竞争有序、协调发展的行业布局；培育一批智力密集型、技术复合型、管理集约型的大型工程建设咨询服务企业。

7月26日　由中国建设监理协会主办、陕西省建设监理协会协办的工程监理企业信息技术应用经验交流会在西安举行。会上8家监理企业介绍了他们在信息化管理和BIM技术应用方面的经验和做法。

8月30日　《住房城乡建设部关于开展工程质量安全提升行动试点工作的通知》（建质〔2017〕169号）印发，要求开展监理单位向政府报告质量监理情况试点。通过监理单位向政府主管部门报告工程质量监理情况，充分发挥监理单位在质量控制中的作用，同时创新质量监管方式，提升政府监管效能。

9月5日　《中共中央 国务院关于开展质量提升行动的指导意见》提出，加强重大工程的投资咨询、建设监理、设备监理，保障工程项目投资效益和重大设备质量。

11月10日　由中国建设监理协会、香港测量师学会建筑测量组主办，广东省建设监理协会承办的内地注册监理工程师和香港建筑测量师互认十周年回顾与展望暨行业改革与发展交流会在广州举行。会上，内地18家企业与香港15家企业的合作正式启动，预示着两地合作的又一崭新开始。

2018 年

1月24日　中国建设监理协会在北京召开第六届会员代表大会，审议并通过了第五届理事会工作报告、财务报告，选举产生了新一届协会领导集体。

2月1日　中国建设监理协会在协会召开分支机构秘书长工作会议。

3月8日　住房城乡建设部发布《危险性较大的分部分项工程安全管理规定》（中华人民共和国住房和城乡建设部令第37号），自2018年6月1日起施行。《规定》明确了监理在专项施工方案、现场安全管理中的职责，以及监理的法律责任。

4月3日　中国建设监理协会公布《中国建设监理协会专家委员会管理办法》（中建监协〔2018〕22号）及专家委员会组织机构和成员名单（中建监协〔2018〕23号）。

5月17日　住房城乡建设部办公厅关于实施《危险性较大的分部分项工程安全管理规定》有关问题的通知（建办质〔2018〕31号）。

7月4日　中国建设监理协会在贵阳召开全过程工程咨询试点工作座谈会。

7月20日　据住房和城乡建设部2017年建设工程监理统计公报，截至2017年年末，工程监理从业人员 1071780 人，其中注册监理工程师为 163944 人。

7月25日　中国建设监理协会发布《中国建设监理协会团体标准管理暂行办法》。

7月　《中国建设监理协会团体标准管理暂行办法》（中建监协〔2018〕44号）发布。

10月29日　住房和城乡建设部办公厅发布《关于进一步简化监理工程师执业资格注册申报材料的通知》（建办市〔2018〕51号）。

10月30日　中国建设监理协会组织召开工程监理行业创新发展30周年经验交流会，回顾总结了监理行业发展的历程和经验。

11月7日　《中国建设监理协会关于调整单位会员会费标准的通知》（中建监协秘〔2018〕12号）发布。

2019 年

1月17日　中国建设监理协会六届二次理事会会议在昆明市召开。

2月18日　《中国建设监理协会会员信用管理办法（试行）》《中国建设监理协会会员信用管理办法（试行）实施意见》（中建监协〔2019〕8号）发布。

2月27日　中国建设监理协会六届理事会专家委员会第二次会议在江苏省南京市召开。

3月13日　国务院办公厅发布《关于全面开展工程建设项目审批制度改革的实施意见》（国办发〔2019〕11号），对工程建设项目审批制度实施了全流程、全覆盖改革，基本形成统一的审批流程、统一的信息数据平台、统一的审批管理体系和统一的监管方式。

3月15日　国家发展改革委 住房城乡建设部联合发布《关于推进全过程工程咨询服务发展的指导意见》（发改投资规〔2019〕515号），在房屋建筑和市政基础设施领域推进全过程工程咨询服务发展，提升固定资产投资决策科学化水平，进一步完善工程建设组织模式，推动高质量发展。

3月26日　住房和城乡建设部办公厅发布《关于实行建筑业企业资质审批告知承诺制的通知》（建办市〔2019〕20号）。

4月18日　《关于进一步推进全过程工程咨询服务工作的通知》（中建监协〔2019〕23号）发布。

4月30日　住房和城乡建设部办公厅发布《关于同意上海市开展提高注册监理工程师执业资格考试报名条件试点的复函》（建办市函〔2019〕283号），同意上海提高注册监理工程师执业资格考试报名条件试点，试点自2019年4月30日开始，期限2年。

5月22日　中国建设监理协会在四川成都市举办监理行业转型升级创新发展业务辅导活动。

5月29日　中国建设监理协会在合肥举行监理企业开展全过程工程咨询创新发展交流活动。

6月5日　中国建设监理协会与中国工程建设标准化协会签署《工程建设团体标准战略合作协议》

6月11日　中国建设监理协会召开"不忘初心、牢记使命"主题教育动员部署大会。

6月14日　中国建设监理协会在北京召开工程监理改革试点工作座谈会。

6月20日　住房和城乡建设部等部门发布《关于加快推进房屋建筑和市政基础设施工程实行工程担保制度的指导意见》（建市〔2019〕68号），意见指出支持工程担保保证人与全过程工程咨询、工程监理单位开展深度合作，创新工程监管和化解工程风险模式。

6月26日～28日　与全国市长研修学院（住房和城乡建设部干部学院）在大连联合举办第十七期"十三五"万名总师（大型工程建设监理企业总工程师）培训班。

7月9日　中国建设监理协会在吉林省长春市召开六届三次常务理事会。

7月12日　全国建设监理协会秘书长工作会议在重庆市召开。

7月15日　中国建设监理协会发布《关于设立工程监理改革试点工作专家辅导组的通知》（中建监协〔2019〕41号）。

7月16日　中国建设监理协会与中国建筑工业出版社在北京举行战略合作协议签署仪式。

7月25日　住房和城乡建设部办公厅发布《关于部分建设工程企业资质延续审批实行告知承诺制的通知》（建办市函〔2019〕438号）。

9月15日　国务院办公厅转发住房城乡建设部《关于完善质量保障体系提升建筑工程品质指导意见的通知》（国办函〔2019〕92号）。

9月24日　中国建设监理协会在浙江省杭州市举办了2019年度第四期"监理行业转型升级创新发展业务辅导活动"。

10月14日　中国建设监理协会开展"不忘初心 牢记使命"主题教育活动，参观了西柏坡中共中央旧址和西柏坡纪念馆。

10月21日　中国建设监理协会发布《建设工程监理工作标准体系》，旨在建立和完善工程监理标准体系，推进工程监理工作标准化，促进工程监理行业持续健康发展。

11月22日　中国建设监理协会主办、广西建设监理协会协办的工程监理与工程咨询经验交流会在南宁顺利召开。交流会旨在提升监理企业管理水平，交流监理企业开展工程监理与工程咨询服务、应对改革带来的机遇与挑战及创新发展的经验，推进工程监理行业健康发展。

11月26日　《中国建设监理协会会员信用评估标准》课题验收会在长沙召开。

11月28日　中国建设监理协会《建设工程监理团体标准编制导则》课题验收会顺利召开。

12月18日　《中国建设监理与咨询》编委会工作会在山西太原召开。

12月21日　中国建设监理协会《房屋建筑工程监理工作标准》（以下简称《标准》）课题

验收会顺利召开。

12 月 26 日　中国建设监理协会《BIM 技术在监理工作中的应用》课题验收会顺利召开。

2020 年

1 月 14 日　中国建设监理协会在广州召开六届四次常务理事会暨六届三次理事会。

2 月 25 日　中国建设监理协会关于开展"推进诚信建设、维护市场秩序、提升服务质量"活动的通知发布（中建监协〔2020〕5 号）。

2 月 28 日　中华人民共和国住房和城乡建设部、中华人民共和国交通运输部、中华人民共和国水利部、中华人民共和国人力资源和社会保障部印发《监理工程师职业资格制度规定》《监理工程师职业资格考试实施办法》的通知（建人规〔2020〕3 号）。原建设部、人事部《关于全国监理工程师执业资格考试工作的通知》（建监〔1996〕462 号）同时废止。

2 月 28 日　中国建设监理协会发布《中国建设监理协会会员信用管理办法》《中国建设监理协会会员信用管理办法实施意见》《中国建设监理协会会员信用评估标准（试行）》。

3 月 2 日　中国建设监理协会发布《中国建设监理协会会员自律公约》《中国建设监理协会单位会员诚信守则》《中国建设监理协会个人会员职业道德行为准则》。

3 月 4 日　中国建设监理协会印发《关于开展单位会员信用评估的通知》（中建监协〔2020〕12 号）。

3 月 5 日　中国建设监理协会发布《建设工程监理团体标准编制导则》。

3 月 10 日　中国建设监理协会发布《房屋建筑工程监理工作标准（试行）》《项目监理机构人员配置标准（试行）》《监理工器具配置标准（试行）》工程监理资料管理标准（试行）。

5 月 28 日　十三届全国人大三次会议表决通过了《中华人民共和国民法典》，自 2021 年 1 月 1 日起施行。其中第三编合同第十八章第七百九十六条规定，建设工程实行监理的，发包人应当与监理人采用书面形式订立委托监理合同。

7 月 10 日　中国建设监理协会、中国工程建设标准化协会联合发布《建设工程监理工作评价标准》T/CAEC 01-2020。

8 月 2 日　据住房和城乡建设部 2019 年建设工程监理统计公报，截至 2019 年年末，工程监理从业人员 1295721 人，其中注册监理工程师为 173317 人。

8 月 27 日　中国建设监理协会《城市轨道交通工程监理规程》课题工作会在广州召开。

8 月 28 日　住房和城乡建设部等部门《关于加快新型建筑工业化发展的若干意见》（建标规〔2020〕8 号）发布。

8 月 28 日　由中国建设监理协会立项、河南省建设监理协会牵头组织的《城市道路工程监理工作标准》课题初稿审查会在郑州顺利召开。

9月1日 《住房和城乡建设部办公厅关于开展政府购买监理巡查服务试点的通知》（建办市函〔2020〕443号）发布。通过开展政府购买监理巡查服务试点，探索工程监理服务转型方式，防范化解工程履约和质量安全风险，提升建设工程质量水平，提高工程监理行业服务能力。

9月22日 全国建设监理协会秘书长工作会议于南宁市召开。

10月22日 中国建设监理协会《城市道路工程监理工作标准》课题在郑州通过验收。

10月30日 中国建设监理协会组织行业专家在上海召开了"工程监理计价规则编制研讨会"。

11月6日 中国建设监理协会《城市轨道交通工程监理规程》课题在广州市通过验收。

11月18日～20日 与住房和城乡建设部干部学院联合举办2020年"十三五"万名总师大型工程建设监理企业总工程师第23期培训班。

11月30日 《住房和城乡建设部关于印发建设工程企业资质管理制度改革方案的通知》（建市〔2020〕94号）发布。工程监理资质分为综合资质和专业资质。保留综合资质；取消专业资质中的水利水电工程、公路工程、港口与航道工程、农林工程资质，保留其余10类专业资质；取消事务所资质。综合资质不分等级，专业资质等级压减为甲、乙两级。

2021 年

1月4日 《关于个人会员管理系统开通网上缴费及自动开票功能的通知》（中建监协〔2021〕1号）发布。

1月15日 国务院办公厅电子政务办公室、住房和城乡建设部建筑市场监管司联合发布《全国一体化在线政务服务平台标准，电子证照监理工程师注册证书》（土木建筑工程专业）C 0251—2021。

1月22日 中国建设监理协会召开六届三次会员代表大会暨六届四次理事会。

1月25日 中国建设监理协会发布《装配式建筑工程监理规程》团体标准（中建监协〔2021〕6号）。

3月17日 《中国建设监理协会会员管理办法（试行）》发布。

3月17日 中国建设监理协会在郑州市组织召开《业主方委托监理工作规程》课题研讨会在郑州召开。

3月18日 全国建设监理协会秘书长工作会议在郑州市成功召开。

3月24日 中国建设监理协会发布《市政工程监理资料管理标准（试行）》《城市轨道交通工程监理规程（试行）》《市政基础设施项目监理机构人员配置标准（试行）》《城市道路工程监

理工作标准（试行）》。

4月1日　《关于修改〈建设工程勘察质量管理办法〉的决定》（住房和城乡建设部令第53号）发布，明确工程勘察企业应当向设计、施工和监理等单位进行勘察技术交底。

4月1日　《建设工程消防设计审查验收管理暂行规定》（住房和城乡建设部令第51号）公布，自2020年6月1日起施行。规定明确了监理工作及责任义务。

4月8日　中国建设监理协会《业主方委托监理工作规程》课题开题会议在广州市顺利召开。

4月15日　中国建设监理协会召开六届七次常务理事会。

4月19日　中国建设监理协会发布《中国建设监理协会会员管理办法（试行）》。

4月22日　"巾帼不让须眉　创新发展争先"女企业家座谈会在南昌市顺利召开。

5月11日　中国建设监理协会开展"传承红色基因 牢记初心使命"红色传承参观学习活动，参观香山革命纪念馆和中国人民解放军军事科学院叶剑英纪念馆。

5月19日　国务院发布《关于深化"证照分离"改革进一步激发市场主体发展活力的通知》（国发〔2021〕7号），将工程监理企业资质由三级调整为两级，取消丙级资质，相应调整乙级资质的许可条件；取消住房城乡建设部门审批的监理事务所资质和公路、水利水电、港口与航道、农林工程专业监理资质。加强事中事后监管措施，开展"双随机、一公开"监管，对在建工程项目实施重点监管，依法查处违法违规行为并公开结果；严厉打击资质申报弄虚作假行为，对弄虚作假的企业依法予以通报或撤销其资质；加强信用监管，依法依规对失信主体开展失信惩戒。

5月27日　中国建设监理协会监理人员学习丛书编写工作座谈会在济南召开。

6月7日　中国建设监理协会《化工工程监理规程》预验收会在北京市召开。

6月10日　《监理人员职业标准》课题开题会暨第一次工作会议在郑州顺利召开。

6月19日　国家发展改革委发布《关于加强基础设施建设项目管理 确保工程安全质量的通知》（发改投资规〔2021〕910号），明确严格执行项目管理制度和程序，落实工程监理制。

6月22日　中国建设监理协会主办、四川省建设工程质量安全与监理协会协办的项目监理机构经验交流会在成都召开。会议旨在进一步提高项目监理机构服务质量和水平，促进监理行业高质量可持续健康发展。

6月29日　住房和城乡建设部办公厅发布《关于做好建筑业"证照分离"改革衔接有关工作的通知》（建办市〔2021〕30号）。

7月20日　中国建设监理协会向河南省会员单位捐赠十万元抗洪救灾物资。

7月23日　中国建设监理协会《施工阶段项目管理服务标准研究》课题在上海开题。

8月3日　中国建设监理协会《化工工程监理规程》转团体标准验收会在山东淄博市

召开。

9月16日　中国建设监理协会六届八次常务理事扩大会议在济南顺利召开。

9月28日　启用中国建设监理协会会员系统。

10月15日　单位会员管理系统网上缴费及自动开票功能上线试运行。

10月18日　中国建设监理协会《房屋建筑工程监理工作标准》研究成果转团体标准课题验收会顺利召开。

10月19日　中国建设监理协会苏、鲁、辽、吉片区个人会员业务辅导活动成功举办。

10月21日　中国建设监理协会团体标准《化工工程监理规程》审核会在北京市召开。

11月5日　住房和城乡建设部办公厅发布《关于简化监理工程师执业资格注册程序和条件的通知》。

11月9日　中国建设监理协会《房屋建筑工程项目监理机构人员配置标准》研究成果转团体标准课题验收会在武汉市顺利召开。

11月15日　中国建设监理协会召开六届九次常务理事会（通联会）。

11月22日　住房和城乡建设部办公厅关于发布智能建造新技术新产品创新服务典型案例（第一批）的通知。

11月25日　中国建设监理协会与澳门工程师学会建立联系沟通机制备忘录在珠海市签字。

11月26日　中国建设监理协会《业主方委托监理工作规程》课题验收会议顺利召开。

12月1日　中国建设监理协会发布团体标准《化工建设工程监理规程》T/CAEC 003-2021。

12月3日　中国建设监理协会监理人员学习丛书统稿会在济南召开。

12月6日　中国建设监理协会开启支付宝网上缴纳单位会费。

12月8日　住房和城乡建设部办公厅发布《关于印发危险性较大的分部分项工程专项施工方案编制指南的通知》。

12月15日　中国建设监理协会《监理人员职业标准》课题验收会在郑州市顺利召开。

12月17日　2021年度《中国建设监理与咨询》编委会工作会议顺利召开。

12月20日　中国建设监理协会召开六届十次常务理事会（通联会）。

12月21日　《房屋建筑监理工器具配置标准》转团体标准课题验收会在重庆市召开。

12月23日　中国建设监理协会《工程监理企业发展全过程工程咨询服务指南》课题在上海市顺利验收。

12月23日　中国建设监理协会《施工阶段项目管理服务标准》课题在上海市顺利验收。

12月28日　中国建设监理协会召开全过程工程咨询和政府购买监理巡查服务经验交流会。

会议旨在提升监理企业综合性、跨阶段、一体化咨询服务的能力，适应监理服务市场化发展需求，推进监理行业高质量可持续发展。

12月28日　启用单位会员电子证书。

12月29日　中国建设监理协会《房屋建筑工程监理资料管理标准》转团体标准课题验收会在北京市顺利召开。

2022 年

1月19日　中国建设监理协会六届五次理事会顺利召开。

2月16日　中国建设监理协会发布《施工阶段项目管理服务标准（试行）》和《监理人员职业标准（试行）》。

2月21日　中国建设监理协会印发《中国建设监理协会专家委员会2021年工作总结和2022年工作安排》。

3月7日　中国建设监理协会下发《关于继续开展单位会员信用自评估活动的通知》。

3月15日　中国建设监理协会召开六届十一次常务理事会（通联会）。

3月25日　《中共中央　国务院关于加快建设全国统一大市场的意见》发布，意见指出充分发挥法治的引领、规范、保障作用，加快建立全国统一的市场制度规则，打破地方保护和市场分割，打通制约经济循环的关键堵点，促进商品要素资源在更大范围内畅通流动，加快建设高效规范、公平竞争、充分开放的全国统一大市场。

4月13日　中国建设监理协会召开六届十二次常务理事会。

4月14日　《市政基础设施项目监理机构人员配置标准》课题成果转团体标准研究开题会顺利召开。

4月21日　《市政工程监理资料管理标准》课题成果转团体标准研究开题会顺利召开。

4月25日　《城市道路工程监理工作标准》课题成果转团体标准开题会顺利召开。

4月26日　《城市轨道交通工程监理规程》课题成果转团体标准研究首次会议顺利召开。6月14日，《监理人员自律规定》课题开题会顺利召开。

6月15日　《工程监理职业技能竞赛指南》开题会顺利召开。

6月23日　中国建设监理协会召开六届十三次常务理事会（通联会）。

7月23日　中国建设监理协会2022年课题《监理企业复工复产疫情防控操作指南》开题会顺利召开。

8月23日　中国建设监理协会"监理企业诚信建设与质量安全风险防控经验交流会"在合肥市召开。

8月25日　"巾帼建新功，共展新风貌"第二届女企业家座谈会在合肥市顺利召开。

8月30日　中国建设监理协会召开六届十四次常务理事会（通联会）。

9月9日　中国建设监理协会印发《中国建设监理协会会员业务辅导活动管理办法》的通知。

9月23日　中国建设监理协会《监理企业复工复产疫情防控操作指南》课题验收会在河南郑州市圆满结束。

9月24日　中国建设监理协会《城市道路工程监理工作标准》课题成果转团体标准验收会在郑州顺利召开。

9月26日　中国建设监理协会《监理工作信息化管理标准》课题验收会在西安市圆满完成。

10月9日　中国建设监理协会关于发布《工程监理企业复工复产疫情防控操作指南》的通知。

10月21日　中国建设监理协会召开六届六次理事会（通联会）。

10月25日　中国建设监理协会《市政基础设施工程项目监理机构人员配置标准》课题成果转团体标准研究课题验收会在武汉顺利召开。

10月27日　中国建设监理协会《城市轨道交通工程监理规程》课题成果转团体标准研究课题验收会在广东潮州顺利召开。

11月2日　中国建设监理协会《市政工程监理资料管理标准》课题成果转团体标准研究课题验收会在杭州顺利召开。

11月8日　中国建设监理协会换届工作领导小组第一次会议在北京市顺利召开。

11月25日　中国建设监理协会"内地与港澳地区同行业监理协会（学会）座谈会"在广西南宁市顺利召开。

11月26日　中国建设监理协会"中国－东盟工程监理创新发展论坛"在南宁成功举办。

12月28日　中国建设监理协会《监理人员自律规定》课题验收会顺利召开。

12月29日　住房和城乡建设部发布《建设工程质量检测管理办法》（住房和城乡建设部令第57号），自2023年3月1日起施行。明确了监理在建设工程质量检测活动中的职责和法律责任。

2023 年

1月3日　中国建设监理协会召开六届十五次常务理事会（通联会）。

2月9日　中国建设监理协会《工程监理行业发展研究》课题验收会在北京召开。

2月9日　中国建设监理协会换届工作领导小组第二次会议在北京顺利召开。

2月9日　中国建设监理协会发布《建筑工程项目监理机构人员配置导则》团体标准。

2月23日　《工程监理职业技能竞赛指南》课题验收会在合肥市顺利召开。

2月27日　中国建设监理协会召开六届七次理事会（通联会）。

3月13日　中国建设监理协会发布《监理工作信息化导则》《工程监理企业发展全过程工程咨询服务指南》《工程监理职业技能竞赛指南》等三项标准试行。

3月23日　全国建设监理协会秘书长工作会议在湖南长沙市顺利召开。

3月23日　中国建设监理协会党支部赴韶山开展主题党日活动。

4月28日　住房和城乡建设部办公厅发布关于推行勘察设计工程师和监理工程师注册申请"掌上办"的通知。

5月18日　中国建设监理协会《施工阶段项目管理服务标准》转团体标准课题研究和《会员信用评估标准》修订课题研究开题会在上海顺利召开。

6月20日　中国建设监理协会党支部开展"感恩党 听党话 跟党走"主题党日活动。

6月26日　中国建设监理协会江苏省片区个人会员业务辅导活动在南京成功举办。

7月12日　由中国建设监理协会主办，吉林省建设监理协会和山东省建设监理与咨询协会联合承办的东北片区个人会员业务辅导活动在吉林省长春市成功举办。

7月17日　由中国建设监理协会主办，河南省建设监理协会承办的中南片区个人会员业务辅导活动在河南郑州成功举办。此次辅导活动围绕行业转型升级和创新发展的形势和方向，聚焦总监理工程师履职尽责中的职业素养、风险管控、危机管理、安全管理、能力进阶、团队建设、案例警示等关注点、重难点进行针对性的辅导。

7月18日　中国建设监理协会《建设工程监理团体标准编制导则》课题修订开题会在郑州召开。

7月18日　中国建设监理协会《监理人员职业标准》课题成果转团体标准的开题会在郑州召开。

7月27日　中国建设监理协会主办、甘肃省建设监理协会协办的监理企业改革发展经验交流会在兰州召开。会议旨在提升监理企业管理水平，交流监理企业应对改革带来的机遇与挑战及创新发展的经验，促进建筑业高质量发展。

9月4日　中国建设监理协会印发《中国建设监理协会服务高质量发展专项行动实施方案》，引领行业凝聚共识，改革创新和高质量发展。

9月6日　住房城乡建设部印发《关于进一步加强建设工程企业资质审批管理工作的通知》（建市规〔2023〕3号）。

9月20日　中国建设监理协会在云南省昆明市召开六届十八次常务理事扩大会议。

9月25日～27日　由全国市长研修学院（住房和城乡建设部干部学院）和中国建设监理协会联合举办的"2023年大型工程建设监理企业总工程师培训班"在济南成功举办。

10月8日　澳门工程师学会会长胡祖杰一行来访中国建设监理协会，就内地与澳门地区工程监理行业的发展现状、未来发展进行了交流，并签署了合作备忘录。

10月19日　由中国建设监理协会主办，四川省建设工程质量安全与监理协会承办，重庆市建设监理协会、贵州省建设监理协会、云南省建设监理协会协办的西南片区个人会员业务辅导活动在成都举行。

11月16日　中央和国家机关行业协会商会第一联合党委领导莅临协会，对协会开展第二批学习贯彻习近平新时代中国特色社会主义思想主题教育工作进行指导，并听取协会党支部书记王早生同志关于《深入开展习近平新时代中国特色社会主义思想教育 加强协会党的建设 切实做好"四个服务"》的党课汇报。

11月17日　中国建设监理协会主办、黑龙江省建设工程咨询行业协会协办、黑龙江龙至信工程项目管理有限公司承办的"巾帼聚智，共谋发展"第三届女企业家座谈会在黑龙江省哈尔滨市顺利召开，来自全国各地的30余名女企业家参加会议。

1993

1996

2000

2007

2013

2018

2023

历 届 理 事 会

1993—2023

中国建设监理协会第一届理事会

会　　　　长：谭庆琏

常务副会长：姚　兵

副　会　长：蔡金墀　王家瑜　沈　恭　黄伟鸿　杨焕彩　毛亚杰　张之强
　　　　　　毕孔耜　刘忠宽　傅仁章　何伯森

秘　书　长：何俊新

常务副秘书长：雷艺君

副秘书长：刘廷彦

常务理事：33人（按姓氏笔画为序）

王用中　王家瑜　戈德斌　毛亚杰　毕孔耜　刘忠宽　刘廷彦　杨焕彩
何伯森　何俊新　沈　恭　张　德　张之强　张玉信　张传才　张绪尧
陈明惠　赵俊奇　查景忠　柳尔昌　姚　兵　都贻明　贾柏森　黄伟鸿
傅仁章　傅肃鲁　曾国庆　温勇祥　雷艺君　蔡金墀　谭庆琏　魏国印
魏镜宇

理　　　　事：82人（按姓氏笔画为序）

于英喜　王用中　王家瑜　戈德斌　毛亚杰　邓志强　邓景纹　史　轮
白崇智　毕孔耜　刘　仁　刘廷彦　刘忠宽　刘洵蕃　刘增属　许怀燕
李国栋　李振声　李福伟　杨钟文　杨焕彩　何伯森　何俊新　沈　恭
沈蒲生　宋鸣德　张　德　张之强　张玉信　张传才　张纪衡　张绪尧
陆文元　陈永春　陈启强　陈国志　陈明惠　陈树业　陈德林　周定钧
周绪昌　周景斌　郑醒民　赵奇伟　赵俊奇　郝宪文　胡　斌　胡正午
查景忠　柳尔昌　姚　兵　骆佩章　都贻明　贾子民　贾柏森　徐济普
高德武　郭维新　唐福成　谈洪祥　黄伟鸿　常铁君　康光富　傅仁章
舒世从　曾国庆　曾宪纯　温勇祥　谢慰孙　雷艺君　蔡广斌　蔡金墀
裴秉镛　谭庆琏　翟世路　熊大楞　樊明德　潘隆宗　魏武峰　魏国印
魏树元　魏镜宇

中国建设监理协会第二届理事会

会　　长：谭克文

副 会 长：何俊新　蔡金墀　滕绍华　陆海平　杨焕彩　张三戒　毛亚杰
　　　　　张胜利　魏铠房　李悟洲　韩春仁　杜云生　何伯森

秘 书 长：陈玉贵

副秘书长：刘廷彦　雷艺君

常务理事：45 名（排名不分先后）

蔡金墀	原祖荫	周　逢	滕绍华	柳尔昌	李振声	单泽民	陆海平
黄健之	张香田	杨永康	杨焕彩	叶春英	张三戒	钱良成	雷尊宇
顾若刚	雷鸣山	谭克文	何俊新	刘廷彦	魏国印	毛亚杰	祁宁春
张胜利	赵俊奇	张传才	潘五星	魏铠房	薛泉林	李悟洲	张世霖
贾柏森	杜建荣	韩春仁	刘士河	张　德	王尚文	张耀宗	张玉信
杜云生	何伯森	陈玉贵	雷艺君	都贻明			

理　　事：122 名（排名不分先后）

蔡金墀	原祖荫	胡庆成	周　逢	白崇智	滕绍华	刘　仁	柳尔昌
周景斌	李振声	田哲远	黄　勇	史　轮	戴纪锋	杨福胜	吕玉山
刘铁军	单泽民	乔清超	李效良	陆海平	黄健之	张香田	邓景纹
周世藻	翟世路	郑必勇	顾小鹏	曾宪纯	杨永康	王绍裘	黄益民
陈启强	谢慰孙	杨焕彩	叶春英	戈德斌	王绍斌	吕　勃	刘增恪
胡正午	刘治栋	骆佩章	张三戒	关富椿	李福伟	钱良成	魏武峰
周绪昌	许怀燕	雷尊宇	彭国民	罗正策	顾若刚	蒋明敏	郝宪文
刘东海	雷鸣山	王增德	杨龙川	谭克文	何俊新	刘廷彦	魏国印
张顺志	陈永春	刘洵藩	毛亚杰	祁宁春	陈明惠	钱有锐	杨浦生
张胜利	安和人	赵俊奇	张传才	周定钧	沈蒲生	陈志祯	姜　昭
吕殿龙	潘五星	施建勋	魏铠房	薛泉林	宋鸣德	邓　涛	魏树元
李悟洲	张世霖	熊广忠	许静东	陆文元	陈京生	贾柏森	杜建荣
窦广兆	韩春仁	刘士河	许复炎	杨大全	张　德	张金岭	李秉辰
王尚文	潘隆宗	康　祺	石开明	徐国柱	常铁君	胡　斌	张耀宗
熊大楞	苏鸿奎	张玉信	杜云生	张仁喜	何伯森	沈　坤	陈玉贵
雷艺君	都贻明						

中国建设监理协会第三届理事会

名 誉 会 长：郑一军　干志坚

顾　　　问：姚　兵　傅仁章　张鲁风　何健安

会　　　长：谭克文

常 务 副 会 长：田世宇

副　会　长：蔡金墀　李全喜　黄健之　郭成奎　何万钟　毛亚杰　卢春房

　　　　　　徐　光　张克华

秘　书　长：田世宇（兼）

副 秘 书 长：雷艺君　徐　颖

常 务 理 事：55 名（排名不分先后）

蔡金墀	李维平	魏镜宇	李全喜	马　田	张凤珠	李振声	史　轮
史殿臣	黄健之	张香田	邓景纹	杨　萍	吴晓琴	邹学栋	熊根水
叶春英	张国强	于法典	武孟灵	康定雄	郭成奎	吴柏培	王芳春
何万钟	殷时奎	顾若刚	盛元康	刘祖和	雷鸣山	刘廷彦	燕　平
张顺治	李新军	毛亚杰	安和人	张传才	马茂义	王海龙	潘五星
卢春房	邓　涛	徐　光	熊广忠	王文阁	张克华	张　德	乌力吉图
王旭明	赵泽堃	郭爱华	谭克文	田世宇	雷艺君	都贻明	

理　　　事：160 名（排名不分先后）

蔡金墀	林　寿	戴振国	魏镜宇	李维平	潘自强	马文汉	李全喜
马　田	董树华	姚　武	张凤珠	王亚东	赵　新	李振声	张新民
黄　勇	郝凤鸣	史殿臣	乔清超	律志民	张国钦	解国风	霍明昕
史　轮	李秉臣	杨福胜	居里宏	全永太	王绍斌	叶春英	张国强
戈德斌	林　峰	杨　萍	唐世海	朱家祥	顾小鹏	瞿燕明	黄健之
张锡荣	张香田	邓景纹	周世藻	刘凤鸣	黄金枝	吴晓琴	陈力进
迟春堂	曾宪纯	李水木	熊根水	陈启强	邹学栋	张敬栋	于法典
王心宽	武孟灵	郭茂华	陈顺纬	李学林	刘汉生	康定雄	余鼎荣
曹亚非	郭成奎	倪建国	吴柏培	李新芳	马世华	林伟福	周绪昌
王芳春	韦　清	胡志华	顾若刚	方文好	李柏林	殷时奎	田　文
罗正策	何万钟	但小龙	邹　义	盛元康	习成英	刘彩霞	土登尼玛

刘祖和	马育功	王建国	于从乐	刘东涛	孙志江	雷鸣山	王增德
刘廷彦	燕　平	于钦新	王立忠	张顺志	李新军	毛亚杰	陈东平
祁宁春	孙玉生	董晓伟	廖家凯	邵志范	安和人	秦佳之	刘俊珠
赵俊奇	毕　云	张传才	马茂义	闪　宁	王海龙	温广新	潘五星
张胜利	卢春房	凌岳山	侯文葳	邓　涛	徐　光	熊广忠	蔡江南
张军应	刘曹威	王文阁	周树彤	冯小鲁	张克华	曲伟君	乌力吉图
刘士河	张杰富	张　德	杨大全	顾冬梅	王旭明	罗京京	赵泽堃
朱立权	孙伟军	胡　斌	胡晓宁	郭爱华	何才发	燕连文	刘伊生
王雪青	陈建国	沈　坤	谭克文	田世宇	雷艺君	徐　颖	都贻明

中国建设监理协会第四届理事会

名誉会长：干志坚　黄　卫　谭克文

总 顾 问：毛如柏　张基尧　姚　兵

顾　　问：田世宇　任树本　王永银　王素卿　吴慧娟

会　　长：张青林

副 会 长：孙世杰　吴之乃　邵予工　陈东平　苏炳坤　张元勃　郭成奎　姚念亮
　　　　　　黄杰宇　滕绍华

秘 书 长：林之毅

副秘书长：温　健　吴　江

常务理事：75人（排名不分先后）

张元勃	杨宗谦	丛小密	潘自强	滕绍华	周崇浩	张建国	付汉泉
唐桂莲	姜振友	史　轮	李祥民	李　志	姚念亮	王一鸣	孙金科
刘凤鸣	杨卫东	张玉信	顾小鹏	曾宪纯	吴晓勤	章雪儿	宋培杰
李奉樟	叶德传	秦建修	徐武建	易继红	郭成奎	王景德	钱小靖
张经纬	王和安	张跃林	孙世杰	陈东光	周世玲	田惠蓉	盛元康
袁祖芳	刘祖和	王建国	衣　敏	曹永清	陈东平	祁宁春	关建勋
刘家强	李明光	陈际春	邵予工	林　波	黄杰宇	邓　涛	苏炳坤
李晋三	尤　京	安和人	王海龙	王文阁	周春浩	唐景宇	黄　慧
牛斌仙	白丽亚	李刚奎	刘晓静	孙继昌	杨东民	李新军	张青林
吴之乃	林之毅	刘廷彦					

理　　事：211人（排名不分先后）

张元勃	杨宗谦	丛小密	潘自强	邢秉辉	李　伟	常振亮	张铁明
蔚志平	江　鲁	马玉春	滕绍华	周崇浩	张建国	董树华	李贺南
付汉泉	王亚东	赵　新	赵会超	唐桂莲	黄　勇	田哲远	姜振友
陈有平	史　轮	张毅光	姜世平	岳丽中	王　凯	臧　岐	李祥民
张　明	范克实	李　志	杨　毅	郑　煦	张守健	姚念亮	王一鸣
孙金科	刘凤鸣	杨卫东	黄金枝	陆国荣	梁士毅	孙占国	龚花强
韩建新	张玉信	顾小鹏	顾国华	孙业敏	马　达	瞿燕明	曾宪纯
金　健	张永明	李建军	吴晓勤	陈　磊	宋培杰	李奉樟	徐有全

林 峰	张国强	章雪儿	丁维克	叶德传	杨永平	张敬栋	秦建修
张 达	王心宽	刘 豪	徐武建	黄泽光	吴国庆	刘汉生	石宜生
易继红	汪国武	罗 定	郭成奎	龙建文	张锦军	黄广东	陈 捷
黄 沃	梁跃东	杨 伟	张楹润	孙锦泮	张经纬	韦 清	莫细喜
王和安	张焦宏	田惠蓉	刘树浩	嵇鸿鹰	周世玲	付 涛	张跃林
李西平	陈 强	蒋亚翎	张玉川	孙世杰	陈东光	何万钟	胡明健
冯建国	盛元康	袁祖芳	王光玉	朱立权	刘祖和	刘尚礼	王建国
姚建华	衣 敏	张 萍	曹永清	任 杰	杜志坚	李常春	殷鞍生
崔卫东	俞 生	王胜宝	迟春堂	倪 炜	徐晓明	孙利祖	林功蔚
林午玲	钱小靖	王景德	张一鸣	田仲民	陈东平	祁宁春	孙玉生
王 岩	关建勋	张 毅	安志星	刘家强	贾金东	李德强	李明光
周树彤	赵允杰	陈际春	孙伟军	唐银彬	邵予工	林 波	艾万发
刘士河	周耀华	黄杰宇	邓 涛	么少英	许雅茹	王 鉴	刘艳青
苏炳坤	李晋三	马文翰	尤 京	孙世杰	李国庆	安和人	赵立新
秦佳之	郭庆华	王海龙	董晓辉	张建宏	李有福	王文阁	唐景宇
黄思伟	周春浩	罗京京	黄 慧	高保庆	牛斌仙	潘祥明	白丽亚
李刚奎	刘晓静	潘加宁	田 农	孙继昌	董晓伟	李新军	程 频
杨东民	魏 瑛	刘伊生	王雪青	黄文杰	乐 云	王家远	张青林
吴之乃	林之毅	刘廷彦					

中国建设监理协会第五届理事会

会　　长：郭允冲

副 会 长：修　璐　王学军　张元勃　孙占国　雷开贵　唐桂莲（女）　陈　贵

龙建文　商　科　陈东平　邵予工　李明华　肖上潘

秘 书 长：修　璐（兼任）

副秘书长：温　健　吴　江

常务理事：67人（排名不分先后）

张元勃	李　伟	田成钢	周崇浩	李　馥	张森林	唐桂莲	姜振友
史　轮	周　毅	李　志	孙占国	许智勇	杨卫东	何锡兴	陈　贵
顾小鹏	李晋三	叶军献	金　健	戴伟力	陈　升	丁维克	刘明伟
陈　文	李奉樟	赵艳华	程留成	屠名瑚	龙建文	罗　馨	马俊发
雷开贵	肖　军	陈　强	李泽晖	杨　宇	商　科	杨　卫	马育功
陈耀星	蔡　敏	吴文建	钱小靖	王鸿鹤	陈东平	李明安	王　红
赵彦龙	沈煜琦	邵予工	肖上潘	王　鉴	陈景山	秦佳之	董晓辉
姜鸿飞	李明华	黄　慧	牛斌仙	韦志立	白丽亚	田中旗	刘伊生
郭允冲	修　璐	王学军					

理　　事：197人（排名不分先后）

张元勃	李　伟	田成钢	杨宗谦	潘自强	孔繁峰	蔚志平	高大德
常振亮	孙　琳	周崇浩	李　馥	李贺男	王树敏	张森林	王亚东
赵　新	赵会超	唐桂莲	田哲远	高保庆	张跃峰	姜振友	陈有平
史　轮	姜世平	岳丽中	张毅光	关增伟	周　毅	谷秀惠	张　明
李　志	杨　毅	张守健	孙占国	许智勇	杨卫东	何锡兴	王一鸣
龚鹤毅	龚花强	陆国荣	夏　冰	韩建新	陈　贵	顾小鹏	李晋三
张　玉	桑林华	徐春社	魏云贞	瞿燕明	叶军献	金　健	李建军
张永明	叶　钧	王伟东	戴伟力	陈　磊	陈　升	刘　立	杨永平
缪存旭	丁维克	谢震灵	刘明伟	陈　文	李汇津	赵于平	林　峰
张国强	李奉樟	赵艳华	蒋晓东	李广河	罗建中	程留成	刘汉生
汪成庆	刘治栋	秦永祥	屠名瑚	汪国武	罗　定	龙建文	倪建国
吴祖强	张国宇	汪振丰	刘新华	黄　沃	肖学红	付晓明	罗　馨

陆　霖　马俊发　胡　坤　雷开贵　胡明健　史　红　汪　洋　肖　军
陈　强　薛　昆　汤友林　蒋增伙　周　华　李泽晖　付　涛　杨　宇
王　锐　徐世珍　次仁朗杰　商　科　杨　卫　朱立权　范中东　王明新
马育功　薛明利　陈耀星　妥福海　蔡　敏　吴文建　任　杰　李常春
殷鞍生　柯洪清　李铁生　孙桂生　王　晟　翁代康　包冲祥　王国富
孙利祖　黄汉东　方大德　钱小靖　王鸿鹤　张一鸣　侯平安　陈东平
祁宁春　王　岩　李明安　张铁明　安志星　王　红　孙　钺　杨松灿
赵彦龙　付文宝　周树彤　沈煜琦　栾继强　唐银彬　邵予工　刘士河
林　波　艾万发　肖上潘　邓　涛　么少英　王　鉴　肖彦君　陈景山
李永忠　赵宜明　秦佳之　张家勋　许以俪　董晓辉　路　戈　杨泽尘
张国明　唐景宇　姜鸿飞　罗京京　李明华　高铁成　黄　慧　葛　勇
牛斌仙　潘祥明　韦志立　白丽亚　田中旗　郭金锁　刘伊生　王雪青
乐　云　王家远　郭允冲　修　璐　王学军

章剑青	丁先喜	孙桂生	张　玉	瞿燕明	戴子扬	靖崇祥	李向上
王成武	于志义	薛　青	韦文斌	王　健	肖云华	王　晟	荆福建
翟东升	蔡东星	顾春雷	王建国	赵黎黎	卢　敏	李红军	丰建国
苗一平	陈嫣君	宋执新	戎　刚	张训年	郑文法	吕艳斌	高淑微
李建军	张　弓	邵昌成	王伟东	杨杰涛	阮建中	蒋廷令	夏章义
晏海军	包冲祥	王　任	谢震灵	丁维克	杨小伟	林建平	贾　明
叶　江	林俊敏	程保勇	刘　立	卢晓文	林俊敏	缪存旭	张冀闽
卢煜中	洪开茂	姚双伙	刘晓苍	饶　舜	林金错	林剑煌	孙惠民
耿　春	李振文	蒋晓东	朱新生	顾保国	朱泽州	邬　敏	黄春晓
李广河	张存钦	方永亮	刘治栋	王红慈	周佳麟	汪成庆	秦永祥
徐　赪	夏　明	董晓伟	杨泽尘	田　英	罗　定	张小妹	邓庆红
胡志荣	谢扬军	贺志平	孙　成	肖学红	黎锐文	张伟光	李　旭
徐　柱	黄　沃	许先远	赵　旭	吴君晔	刘　伟	毕德峰	黄隆盛
李永忠	吴　林	高旭光	黄　琼	付晓明	邹　涛	周国祥	刘振雷
马克伦	刘　君	梁跃东	王洪东	李锦康	莫细喜	杨　荣	陈群毓
马俊发	雷开贵	冉　鹏	史　红	谭　敏	胡明健	付　静	刘　潞
王昌全	陈　强	周　华	薛　昆	蒋增伙	涂山海	蒋跃光	张一鸣
任　刚	杨　丽	王　锐	杨　宇	付　涛	张　勤	张雷雄	商　科
申长均	阎　平	李三虎	谭陇海	童建平	姚　泓	张　平	范中东
杨　卫	王红旗	魏和中	晁天宏	薛明利	赵世清	周文新	王振君
蔡　敏	刘爱生	韩　蕾	宋兰萍	苏　霁	任　杰	吕天军	李明安
陈志平	黄　强	王　红	程　凯	孙利民	董入文	刘德海	朱锦荣
范　雷	刘金岩	姚海新	林　森	许贤文	刘玉梅	曹东君	梁耀嘉
姜艳秋	王　岩	祁宁春	孙玉生	李　斌	汪国武	麻京生	彭晓华
邓　涛	单益新	朱　峰	陈怀耀	姜鸿飞	李慧媛	董晓辉	任守国
黄劲松	李忠胜	魏　平	韩春林	汪　成	葛　勇	张国明	李荣健
李明华	周金辉	刘伊生	何红锋	姜　军	王雪青	张守健